服装设计方法

主　编　许　可　邢小刚
副主编　严加平

东南大学出版社
·南京·

内容提要

服装设计方法是一项注重实操性和应用性的专业创作手段。本书从服装设计的专业提升角度出发,针对服装设计方法进行系统梳理,详细阐述了服装设计的程序及思维,并通过图例分析、归纳、总结服装设计的方法创新。本书共包含服装设计方法的程序、服装设计方法的思维、服装设计方法的创新、服装设计方法的实践、服装设计方法的赏析五个模块内容。各模块之间环环相扣由浅入深,每个模块开始前附设计小案例,形象地带动学习者进入知识的学习;模块结束后附章节小结,帮助学习者对整个模块内容进行回顾总结,并提供思考与练习,方便学习者在理论学习后及时地进行实践运用,检验学习的掌握程度。

本书可作为高等院校服装类相关专业,如服装与服饰设计、服装设计与工程等的本科生教学用书,也可作为高职高专教材和服装设计人员的参考用书。

图书在版编目(CIP)数据

服装设计方法 / 许可,邢小刚主编. — 南京 : 东南大学出版社,2020.10
  ISBN 978-7-5641-8643-2

  Ⅰ.①服… Ⅱ.①许…②邢… Ⅲ.①服装设计
Ⅳ.①TS941.2

中国版本图书馆 CIP 数据核字(2019)第 263792 号

服装设计方法

Fuzhuang Sheji Fangfa

主   编:许 可 邢小刚
出版发行:东南大学出版社
社   址:南京市四牌楼 2 号 邮编:210096
出 版 人:江建中
责任编辑:戴坚敏
网   址:http://www.seupress.com
电子邮箱:press@seupress.com
经   销:全国各地新华书店
印   刷:江苏扬中印刷有限公司
开   本:787 mm×1092 mm 1/16
印   张:8.75
字   数:224 千字
版   次:2020 年 10 月第 1 版
印   次:2020 年 10 月第 1 次印刷
书   号:ISBN 978-7-5641-8643-2
定   价:42.00 元

前　言

　　服装美是人体穿着后的一种状态,是通过人的气质、体形、肤色与服装的色彩、款式、面料等有机结合而产生的美感,从而达到美化人体的目的。作为人类生活最基本的需求之一,服装在整个社会精神生活与物质生活中占有重要的地位,显示了人的文化素质、修养与品位。同时,作为一种文化载体,服装不仅反映出人与自然、人与社会的关系,而且十分鲜明地折射出时代的氛围和人们的精神风貌。

　　随着人们审美意识的不断提升,服装已经成为一种非语言的信息载体,其较强的使用价值自不待言,其社会价值、文化价值以至艺术价值越来越突出人类对服装的基本需求之上。服装设计是永无止境的,设计师必须不断充实和更新专业知识,丰富和积累艺术底蕴,才能以多元的思维方法激发层出不穷的设计灵感。因此,思维方法的丰富与活跃是现代服装设计师必备的专业基本功。设计方法的优劣,直接关系到服装设计作品的成功与否,在服装设计中占有非常重要的地位。随着时代的发展,服装设计方法已经进入了被行业空前关注的时代。

　　本书以服装设计方法为教学主线,贯穿知识基础、专业、延伸、提高的不同方面,注重章节的知识衔接,突出理论与实践、模块与案例、现实与前瞻的结合,改变常见的画家式的设计师培养模式,重点在于培养学生的创新思维、表现技能和企划操作的实际能力,目的在于缩短与企业磨合的时间,使学生能够快、准、实地成为品牌企划和产品设计的主力军,或为毕业生自主创业提供必须掌握的知识结构。

　　本书力求在教学内容中充分体现国家和民族价值体系,坚定文化自信,彰显中国风格。教材编写在每一章节的起始部分,均以优秀的中国设计故事为开端,把中华优秀传统文化融入教材建设中,推动传统文化在当代设计中的创造性转化和创新性发展。在最后章节的案例赏析中,通过中西方设计师案例的分析,培养学生重新认识中国文化,在与西方文化的比较中认清国家和自我的独特价值。

　　由于撰写时难以做到尽善尽美,因此书中难免会有疏漏和偏颇之处,恳请广大读者和同行给予指正。

作者
2020 年 6 月

目 录

服装设计方法

第一章
——
装
计
法
的
程序

服
设
方
的

任何单位,任何事情,首先强调的就是程序。管理界有句名言:细节决定成败。程序就是整治细节最好的工具。于是,现在我们的所有工作,无时无处不在强调程序。服装设计方法的程序,顾名思义,即是为进行服装设计活动或过程所规定的途径,与服装设计活动实现预期目标的顺序结合,具有十分明确的指导意义。面对一项服装设计任务应该如何切入? 这是初学者接触专业设计时出现频度最高的提问。如何切入其中,掌握服装设计方法的程序是必由之路,即设计师在服装设计过程中所应当遵循的方法和步骤。服装设计是一项实践性、操作性很强的专业活动。经过多年的设计实践和积累,服装设计行业从业人员已具备和掌握了丰富的设计经验及造型设计的方法程序。

案 例 ——→

2008 年,第 29 届夏季奥林匹克运动会在我国首都北京隆重开幕。由北京服装学院设计、国际著名运动品牌阿迪达斯制作完成的中国体育代表团领奖服崭新登场。服装主色调选用了国旗的红黄二色,上衣通过红黄白三色的渐变处理,形成了视觉上强烈的流动韵律。服装印花选用了极具中国风的祥云图案,象征吉祥美好,设计师大胆打破常规,用不对称的艺术手法表现出祥云的升腾,塑造了本套服装的点睛之笔。服装在设计理念和风格上突出了中国元素、民族特色、时代特征三方面特点,增添了民族的自豪感和荣誉感,当之无愧为有特色、高水平的运动服典范设计。将本民族优秀且富于特色的文化元素融入服装设计中,是中国传统文化自身发展的必然趋势,在党的开放政策的带领下,中国文化必将昂首阔步走向新时代,走向新世界。

第一节 服装设计方法的构想

　　服装就像一面镜子,从侧面反映了一个时代、一个国家的发展。随着时代、生活、潮流不断地向前发展,服的造型也发生了翻天覆地的变化,新的时代潮流不断地改变着人们的审美观念、审美情趣、审美尺度。服装设计要体现以时代为背景,突出审美和创新,把握住潮流感和多样化的趋势,这就要求设计者掌握服装设计的方法,并以现实可行的方法为指导,进行服装设计的构想和创造。20 世纪 60 年代以来,由于科学技术的飞速发展和产品竞争的日益激烈,各行各业都普遍重视设计环节,在一定程度上也大大推动了对服装设计方法构想的研究。(图 1-1)

图 1-1　造型设计构想步骤(金陵科技学院　何阳光　严　然)

一、设计目标

做好每一款创意设计是设计师一生不懈追求的目标,也是一项庞大的综合性工程,需要构思考虑的方面很多。一个优秀的服装设计者在每一期方案策划初期,首先应做到明确设计目的,这是所有工作的根本和起源。

1. 认识、把握流行

认识服装的流行,对设计师接下来的工作具有引导和推动作用,但这不是决定性因素。款式的流行,最终取决于设计者在服装作品中所表达的设计理念、设计意图,以及设计情调,需要服装设计者努力地通过认识流行,从中预测流行,进而把握流行,这样才能创作出符合潮流、具有艺术感染力的服装设计作品。(图1-2)

图 1-2　流行趋势(金陵科技学院　杨馨之)

2. 明确设计目的

设计者只有在明确为什么而设计后,才能把握住设计重点,努力从各方面挖掘造型创作的素材,有的放矢地进行服装的创作设计。服装设计师构思新颖款式可依据以下六大要素,简称5W1P。5W即对象(Who)、时间(When)、地点(Where)、目的(Why)、设计的东西(What),1P即价格(Price)。(图1-3)

3. 对应相关法则

服装设计是以人为本的创作活动,应充分研究人的各种因素,在展示人体美的同时展示服装的形式美。这就需要设计师在造型设计中,善于将各种要素协调统一于一体,辩证合理地应用造型美法则,充分调动各个形式美要素,发挥它们各自的特性,从整体出发,抓大放小,选择设计重点,注重整体效果,为服装设计的整体美而服务。(图1-4)

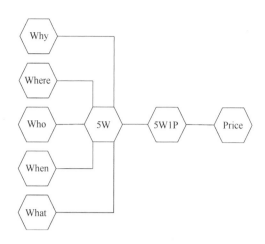

图1-3 5W1P简图

图1-4 设计重点(金陵科技学院 何阳光 严 然)

4. 灵活借鉴创新

充分想象,灵活借鉴人类、自然界一切可以利用的艺术形式和美的内容,启迪创作的思路,挖掘其中美的内在要素,激发设计灵感,使一切美的东西为我所用,并融于服装设计之中,这样才能设计出紧跟时代步伐、具有较强生命力、受人们欢迎的服装作品。(图1-5)

图 1-5　设计创新(金陵科技学院　开艳萍)

二、设计调研

调研是设计构思的前奏,现代社会环境下的产品定位理论与现代设计的概念有着密切的关系。设计就是设想、运筹、计划与运算,它是人类为实现某种特定目的而进行的创造性活动。那么服装产品设计的第一步就是确定设计目的,其次才是寻找解决问题的设计方法。正确选择调研的方法,对调研结果的准确性影响很大。调研的方法有很多,其主要方法可分为观察法、问卷法、统计法、实验法。

1. 观察法

观察法是指通过观察和调研与开发产品相关的人、行为和情况来收集原始数据的方法。观察法实施的地点可在城市最繁华的商业圈,可在与开发产品具有横向关联的品牌店铺附近,也可在开发产品本身的品牌店铺内,观察顾客的行为及购买产品的消费者。(图 1-6)

图 1-6　观察法

2. 问卷法

问卷法是指以事先设定一定目的和数量的问题,要求被调研者进行书面回答来收集原始数据的方法。问卷法是收集原始数据最常用的方法,有时也是调查工作可使用的唯一方法。问卷法比较灵活,可以得到不同情况下的各种信息。(图1-7)

关于青少年对校服防疫功能建议调查

1. 您的性别: [单选题] *
○男　　○女

2. 您的年龄? [单选题] *
○5~7
○7~9
○9~11
○11~14
○14~17
○其他 _____ *

3. 请选择城市: [填空题]

4. 您能接受校服上出现汉字吗 [单选题] *
○可
○不可
○看款式

5. 您对校服首先会考虑? [多选题] *
□颜色
□版型
□质量
□设计亮点
□价位

图1-7　问卷法

3. 统计法

统计法是指通过多种渠道(网络、报纸、杂志等)获取与开发产品相关的信息来收集原始数据的方法。统计法主要是通过收集一些产品发展的纵向数据,以及当下国际国内最新资讯来获取信息的方法。统计法相对而言速度快,成本低。(图1-8)

序号	提交答卷时间	所用时间	来源	来源详情	来自IP	1、您的	2、您的	3、您的	5、您的
1	2020/6/1 17:27	86秒	手机提交	直接访问	223.104.4.35(江苏-南京)	女生	5~7	可以	质量
2	2020/6/1 17:30	35秒	手机提交	直接访问	122.96.40.1(江苏-南京)	女生	9~11	可以	质量
3	2020/6/1 17:31	47秒	手机提交	直接访问	122.96.41.177(江苏-南京)	女生	5~7	可以	版型
4	2020/6/1 17:32	100秒	手机提交	直接访问	117.136.35.73(江苏-南京)	男生	9~11	不可以	价位
5	2020/6/1 17:32	59秒	手机提交	直接访问	221.226.155.3(江苏-南京)	女生	5~7	可以	质量
6	2020/6/1 17:32	57秒	手机提交	直接访问	117.136.45.110(江苏-南京)	女生	9~11	可以	质量
7	2020/6/1 17:32	20秒	手机提交	直接访问	223.104.4.34(江苏-南京)	女生	7~9	可以	版型
8	2020/6/1 17:33	68秒	手机提交	直接访问	117.136.45.3(江苏-苏州)	女生	9~11	可以	质量
9	2020/6/1 17:33	84秒	手机提交	直接访问	157.0.87.150(江苏-南京)	女生	5~7	可以	质量
10	2020/6/1 17:34	111秒	手机提交	直接访问	117.136.45.141(江苏-南京)	女生	9~11	可以	版型
11	2020/6/1 17:34	110秒	手机提交	直接访问	117.136.46.97(江苏-南京)	女生	7~9	可以	价位
12	2020/6/1 17:34	135秒	手机提交	直接访问	117.136.45.110(江苏-南京)	女生	5~7	不可以	质量
13	2020/6/1 17:35	92秒	手机提交	直接访问	117.136.45.102(江苏-南京)	女生	9~11	可以	质量
14	2020/6/1 17:35	148秒	手机提交	直接访问	223.68.21.25(江苏-宿迁)	女生	5~7	可以	质量
15	2020/6/1 17:35	89秒	手机提交	直接访问	122.96.43.60(江苏-南京)	男生	9~11	不可以	版型
16	2020/6/1 17:35	50秒	手机提交	直接访问	180.102.123.116(江苏-南京)	女生	7~9	可以	质量
17	2020/6/1 17:36	72秒	手机提交	直接访问	121.237.217.93(江苏-南京)	女生	5~7	可以	质量
18	2020/6/1 17:36	91秒	手机提交	直接访问	121.237.243.93(江苏-南京)	女生	11~14	不可以	价位
19	2020/6/1 17:36	196秒	手机提交	直接访问	117.136.45.99(江苏-南京)	男生	11~14	可以	价位
20	2020/6/1 17:36	45秒	手机提交	直接访问	122.96.41.139(江苏-南京)	男生	5~7	可以	价位
21	2020/6/1 17:37	60秒	手机提交	直接访问	122.96.43.254(江苏-南京)	女生	9~11	可以	质量
22	2020/6/1 17:38	99秒	手机提交	直接访问	157.0.84.175(江苏-南京)	女生	5~7	不可以	质量
23	2020/6/1 17:39	33秒	手机提交	直接访问	117.89.196.151(江苏-南京)	女生	11~14	可以	质量
24	2020/6/1 17:39	90秒	手机提交	直接访问	117.20.70.118(国外-澳大)	男生	5~7	可以	质量
25	2020/6/1 17:40	96秒	手机提交	直接访问	117.136.45.156(江苏-南京)	女生	9~11	可以	质量
26	2020/6/1 17:41	186秒	手机提交	直接访问	117.136.45.10(江苏-泰州)	女生	11~14	可以	价位
27	2020/6/1 17:44	282秒	手机提交	直接访问	117.136.67.8(江苏-南京)	女生	5~7	不可以	质量
28	2020/6/1 17:44	102秒	手机提交	直接访问	117.136.45.124(江苏-南京)	男生	11~14	可以	质量
29	2020/6/1 17:45	75秒	手机提交	直接访问	117.136.68.40(江苏-苏州)	女生	9~11	可以	质量
30	2020/6/1 17:46	122秒	手机提交	直接访问	122.96.42.83(江苏-南京)	男生	9~11	可以	质量

图1-8　统计法

4. 实验法

选择合适的被实验者,在不同条件下,控制住影响结果的主导因素以外的因素,检验不同组内被实验者的反应。凡是某一种产品改变造型、色彩、材质、包装、价格、广告、陈列等因素时都可先做一个小规模实验,了解观赏者的行为变化,然后对实验结果进行分析总结,再做出相关判断和决定。(图 1-9)

图 1-9 实验法(金陵科技学院 杨 薇 卞玉樊 邹文婉)

三、设计理念

服装设计不是简单的画服装效果图,而是一个整体全面的构思、选择、组合、规划、实践的过程。服装在设计过程中受到众多因素的制约。设计理念强调的是整体配合和选择的最佳组合方案,准确的设计理念可以使设计从盲目性、简单性、模式性向目标性、合理性、创新性方向发展,保持自身的风格,开拓产品的创新。服装设计理念定位的内容主要包括使用途径定位、设计风格定位、工艺品质定位。

1. 使用途径定位

设计理念是针对服装的创造而言,不同品类的服装设计理念是有着本质性区别的。成衣设计中所关注的重心只有一个——市场,服装的设计开发必须围绕这个核心而进行,服装使用者是服装服务的对象,他们的特点和生活方式决定了其所需要的服务。因此,可以说,在成衣设计中,对目标使用者的定位决定了设计的最终指向;而展示服装设计中,其根本目的在于服装风格的推广,故而在这类服装的设计中,我们更多地可以看见设计师对设计理念淋漓尽致的展现,甚至荒谬怪诞、天马行空,但却又从这些貌似与生活格格不入的作品中,我们却深切地捕捉到了设计师和作品想要表达的艺术风格。(图 1-10)

2. 设计风格定位

在各种工业产品和艺术产品中,服装的设计风格是最具有广泛性和多变性的。在服装的历史发展过程中,出现了诸多形态的服饰,进入现代,时尚的本质更是以强调风格设计为核心。因此,设计风格的定位是设计理念形成中的重要因素。设计风格主要包括款式风格、色彩风格和面料风格。款式风格一般是指服装的线条风格,包括轮廓线、结构线与装饰线。色彩风格是指整体产品的组合色调,而并非单个色彩。面料风格是指整体产品的面料组合风格,包括面料的原料类型、织造风格(手感、肌理等)、图案风格等。(图 1-11)

图 1-10 途径定位(金陵科技学院 谢 宁)

图 1-11 风格定位(金陵科技学院 徐志博 邵婉婷 汤小洁)

3. 工艺品质定位

服装设计是一个系统工程,从主题的选择、灵感的确定到最终成衣的完成,都是艺术与技术的结合,是设计与工艺的对接。任何设计的作品最终都必须通过制作来加以实现,品质是产品最终展现的可靠保证,工艺上任何细微的变化都将演绎出不同的时尚和风格。不重视整体把握,片面看重款式设计、效果图的绘制,而不关注结构设计及工艺过程,不为即将开发设计的产品准确地进行工艺品质的定位,那么即便产品被设计开发出来了,也只能作为用于欣赏的纯艺术品单独存在,从根本意义上说,完全没有达到服装的功能和效果。(图 1-12)

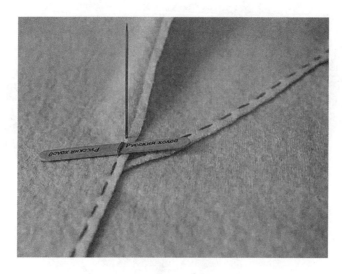

图 1-12 品质定位

第二节 服装设计方法的分析

在设计学科中,设计方法及程序是最具实践性的理论,这些方法和理论具有广泛意义上的指导性。但它们是发展和变化着的,对于不同的设计项目、设计环境和设计要求,其设计方法都会产生一定的不同。这就需要设计人员根据实际情况进行具体分析,以此取得正确造型方法的借鉴和使用。这在设计程序展开的前期是非常重要而且是必需的,通过各方面调研数据的采集和比较处理,从理性思维的角度获取进行造型设计的方向,才是确保设计能够取得良好结果的基础。否则,由于设计前期的盲从性和条理上的混乱性,极有可能导致优秀作品的夭折和枯萎。

一、资讯收集

设计资讯的收集渗透在众多渠道中,有来自行业内部的专业流行发布秀,也有暗含在众多生活层面中的反馈信息。

1. 时装发布会

每年,世界五大时装中心(巴黎、伦敦、米兰、纽约、东京)会按照春夏和秋冬两季,发布最新高级时装和高级成衣的流行趋势。每一季流行的主题包括色彩、面料、装饰、风格等,都由一些设计师和行业组织沟通之后共同决定,再分别通过设计师的个人理念进行演绎推广。这些发布会对全球时尚热点的转移有着决定性的影响力,是流行的风向标,也是其他设计师汲取设计素材的主要来源。(图 1-13)

2. 时尚媒体

媒体在传播每季新秀场的服装图片上发挥了丰富的创造力,组合设计出全新的穿着方式和迥异的设计风格,并用富有感染力的词汇进行渲染。作为设计师,为了保持新鲜的时尚意识,为了了解消费者的时尚心态,也需要经常关注时尚媒体对装扮风格的引导。欧美最

图 1-13　时装发布会(金陵科技学院　池静雅　魏　峰)

为著名的消费性时尚杂志包括《服饰与美容》(Vogue)、《世界时装之苑》(Elle)、《玛丽嘉》(Marie Claire)等,以介绍最新的时尚信息、传播时尚艺术为主。国内的时尚杂志主要以《时装》《中国时装》《上海服饰》等为代表。(图 1-14)

图 1-14　时尚媒体

3. 专业权威组织机构的预测

世界权威组织流行预测机构和我国流行趋势研究机构,每年都会发布 18 个月后的主题趋势预测,该预测涉及的主要内容有色彩、织物、风格、款式等各方面的新主题。(图 1-15)

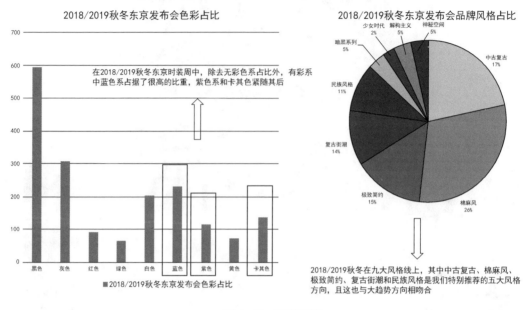

2018/2019秋冬东京发布会色彩占比

在2018/2019秋冬东京时装周中,除去无彩色系占比外,有彩系中蓝色系占据了很高的比重,紫色系和卡其色紧随其后

黑色 灰色 红色 绿色 白色 蓝色 紫色 黄色 卡其色

■2018/2019秋冬东京发布会色彩占比

2018/2019秋冬东京发布会品牌风格占比

少女时代 2% 解构主义 5% 神秘空间 5%
暗黑系列 5%
中古复古 17%
民族风格 11%
复古街潮 14%
极致简约 15%
棉麻风 26%

2018/2019秋冬在九大风格线上,其中中古复古、棉麻风、极致简约、复古街潮和民族风格是我们特别推荐的五大风格方向,且这也与大趋势方向相吻合

图 1-15 时尚预测

二、纵向比较

在长期发展的生活实践中,我们的祖先创造了大量具有较高艺术观赏价值的传统服饰,这些传统服饰是我们今天进行服装创意时可供借鉴的、极其丰富而宝贵的素材。我国是一个多民族的大国,且具有五千年的悠久历史,不同民族、不同时期的服饰之间既具有密切的联系,又具有各自不同的特征。借鉴我国传统服饰的艺术形式来表现当代服饰的艺术魅力,更容易显示作品鲜明的个性并获得成功。(图 1-16)

图 1-16　借鉴传统服饰（金陵科技学院　高大山　吕文彬）

三、横向借鉴

由于表现材料和手段的不同,艺术分为许多不同的门类,如绘画、雕塑、音乐、舞蹈等。各门类艺术在其自身的发展过程中都积累了大量的经验,塑造了许多使人赏心悦目的艺术形式,而这些各不相同的经验和千姿百态的艺术形式又都有着共同的艺术创作规律。因此,各门类艺术在可能和必要的情况下,都应注意从其他门类艺术中汲取营养。服装是一门独立的艺术,它的发展有其自身的规律,但它也不是孤立的,服装与其他艺术门类有着广泛的联系,并受到其他艺术门类的影响。例如,绘画是使用形、色、肌理来塑造形象的艺术,其理论和形式对服装都有着直接的影响。荷兰画家蒙德里安的绘画全部由彩色的直线和矩形构成,法国服装设计大师伊夫·圣·洛朗就曾经把这些绘画语言用在了裙装的设计上,使服装展现了与众不同的艺术魅力。(图 1-17)

图 1-17　借鉴艺术（金陵科技学院　张　越　王慧敏）

四、流行分析

1. 确认流行要素

审视国内外数以千计的服装,对外行人而言,或许是充满刺激的新鲜体验,但对于专业人士而言,却无异于一场严峻的考验。流行趋势的审视辨别能力,可以通过下列五个流行要素的确认加以培养:廓形、面料、色彩、细节、风格。

(1) 廓形:首先用专业的名称分类各种服装的外形,之后,再对由许多不同形状组合而成的服装轮廓进行定位,形成的整体印象,称之为流行印象。廓形是设计的第一步,也是其后造型的基础、依据和骨架。设计师描绘服装外观的形状的过程,仿佛就是进行一种空间关系的游戏。(图1-18)

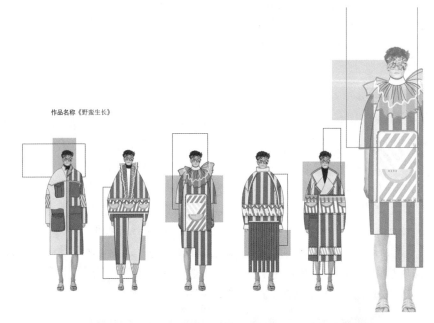

作品名称《野蛮生长》

《野蛮生长》

图1-18 廓形分析(金陵科技学院 熊 佳)

（2）面料：面料就是设计师用来制作服装的材料，就如同农民用来种植粮食的种子、土地和肥料一样。面料的流行是从纤维、织法、手感、重量、花样、后处理等方面进行演变的，对每一季面料中流行的描述往往都是着重于其中的一个亮点进行的。（图1-19）

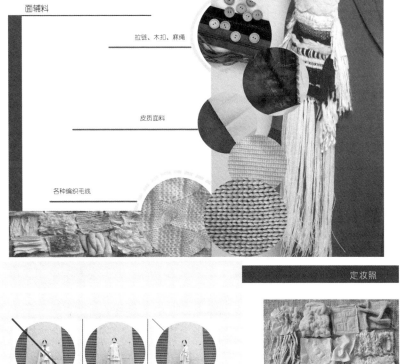

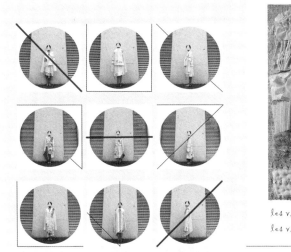

图1-19　面料分析（司　佳）

（3）色彩：在色彩的审视过程中，必须精确描述色彩的色相与明度、纯度。当季的流行色彩，到底是灰暗还是明亮、混浊还是清澈、亚光还是亮光、透明还是朦胧，都应专业性地进行记录。虽然每个色系在每一季都会见到其踪迹，但是其色调在本质上必有所变动。（图1-20）

（4）细节：每一季的发布中，有些设计会非常注重细节，而有些设计则全然避免任何装饰，设计师应该仔细检视这种造型款式的差异。细节体现在颈线、袖子、腰线、裙摆、口袋、腰带、绣花、褶皱、纽扣、缝饰、垫肩、折边、蝴蝶结等方面,每季呈现出或多或少的改变。一季中不断重复出现的特定细节,势必会成为当季的流行焦点。(图 1-21)

图 1-20　色彩分析(金陵科技学院　严筱懿　孙嘉齐)

 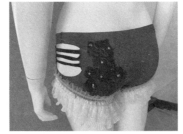 

图 1-21　细节分析（金陵科技学院　邹文婉）

（5）风格：综合所有的流行要素，服装就会呈现出一种特殊的面貌，这就是服装的风格。它或许是明显的，也或许是一种混合的难以诉诸文字的风貌。服装风格是服装外观样式与精神内涵相结合的总体表现，是服装所传达的内涵与感觉。服装风格能传达出服装的总体特征，这强烈的感染力是服装的灵魂所在。（图 1-22）

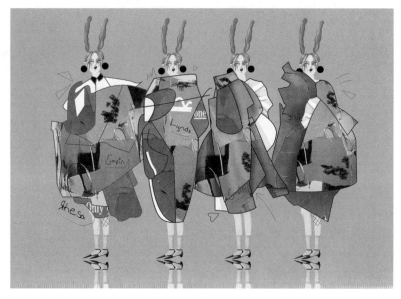

图 1-22　风格分析(金陵科技学院　陶月敏　陆　烨　司　琪)

2. 观察共同特征

要掌握流行的趋势脉动,必须仔细观察某一元素的重复出现情形。在休闲服或套装上,是否一直可见亚麻的痕迹;在大衣或衬衫上,是否一直有扣子或领子。注意系列服饰中处处可见的共同特色,再把同样的观察练习应用到街上触目可见的流行服饰中。时尚的人们将流行风貌消化重组成个人风格,其实正如同付诸成形的设计师作品一般,都是流行趋势的标志。(图 1-23)

图 1-23 共同特征分析（金陵科技学院 韦 婷）

3. 根源分析

除了了解流行的信息外,还应了解促发这个趋势的来源与动机。流行不会不合逻辑,也不会毫无章法,应该会有一种因果关系。只要努力分析所发生的事情,就可发掘其中的真相。设计师若能将自己的流行意识培养到超级敏感的地步,就必定能成为一名优秀的时装设计师。

4. 信息编辑

为了完成新的产品设计,设计师必须梳理国内外的各种服饰资讯,努力寻求最具爆发力的创新点,轮流过滤这些风格独具的趋势,找到最符合自身产品的流行风格。在这个编辑过程中,设计师不但必须充分了解流行界,而且还必须思考严谨,必须将各种信息精简浓缩,根据设计精神从中采集并重新定义流行焦点,同时对流行趋势短期或长期走向还需进行斟酌思量。(图 1-24)

图 1-24 信息编辑

5. 主题陈述

主题是所有设计活动的中心理念,是对流行趋势的预测描述。主题的确立,是设计作品成功的重要因素之一。设计的艺术性、审美性以及实用性,都是通过主题的确立充分体现出来的。同时,主题的确立还能够反映出不同的时代气息、社会风尚、流行风潮及艺术倾向。(图 1-25)

图 1-25 主题陈述（金陵科技学院 周安然）

第三节 服装设计方法的表达

在整体设计构思基本完成的前提下，选择一种适合表现该设计的途径方法就成为设计师迫在眉睫的任务。服装是由面料构成的实体性产品，最终必须以物的形态呈现出来，故而通过最适合的绘画表现，将构思过程仔细完整地予以记录，并利用制图进行款式结构上的分析和处理，以保持服装的合理性和舒适性，再进行最后阶段的实物表现即服装的加工缝制，以精良的工艺水准完成对创意构思的最终表达和体现。实物完成后的展示还必须通过一定形式的陈列设计，以便达到与观赏者更快速交流和时尚资讯的传递，得到大众对作品的认可和接受，真正意义上获得作品的成功。

一、绘画表现

造型设计的构思是通过服装效果图进行表达和传递的。服装效果图的实用性很强，是设计师将设计构思以比较写实的手法表现出的形式。画面人物形象逼真，以正面或半侧面的形象居多，款式、面料、色彩、结构等表现得很具体明了，且裁剪师能据此进行裁剪并缝制。作为一名服装设计师，主要通过设计稿把创意传递给打板师，使其领会设计意图，同时在结构设计、制定尺寸规格时尽量满足设计要求。因此，设计师所创作的设计稿应力争做到结构清楚，有时还需对具体的细节部位（包括所用面辅料、具体工艺、装饰配件等）有所交代，这样才能使设计的服装符合制作要求。设计师还需画平面款式图，对这种平面图稿，打板师和制作师要能理解，还需补上具体的尺寸，诸如袖子、领子等关键部位的长度和宽度。（图 1-26）

图 1-26 绘画表现(金陵科技学院 曹薛蒙 曹文科)

二、制图表现

制图表现简单地说就是生产制作服装的图纸,又称纸样、样板等,是服装生产中裁剪、缝制和后整理等工序中不可缺少的标样;是产品的规格、造型和工艺的主要依据;是成衣的平面展开图;是服装从设计到成衣完成的中间纽带。制图是提供合乎款式要求、面料要求、规格尺寸和工艺要求的一整套利于裁剪、缝制和后整理的纸样或样板的过程。服装制板技术直接影响到服装成衣的造型,同时,又能帮助服装设计师进行服装再设计。(图 1-27)

三、实物表现

在经过设计师的绘画表现和制图表现两个环节之后,就开始进入了服装的实物表现阶段。实物表现即是将设计师关于服装的创作意图通过服装材料的缝制组合等工艺手段,将完全真实可触摸的服装实物展现出来。在这一表现过程中,要注重每一个设计细节的表

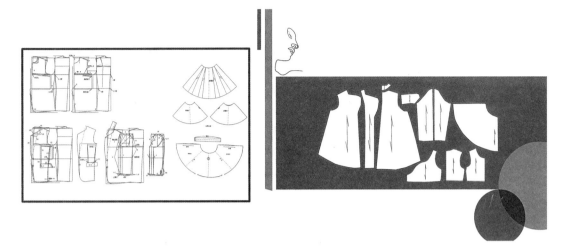

图 1-27 制图表现(金陵科技学院 邹 瑜 曹薛蒙)

达。服装的成形技术有缝合、黏合、编织等。其中缝合是主要的成形方法,缝合是将服装部件用一定形式的缝迹固定后作为特定的缝型而组合。缝迹和缝型是缝合中两个最基本的要素。选择与材料相匹配并符合穿着强度要求的缝迹和缝型,对缝合的质量是至关重要的,并且对于相应机器的选择都是实物表现过程中所应该注意的。(图 1-28)

图 1-28 实物表现

四、空间展示

为了把服装的内涵文化、风格定位、设计理念、款式细节充分展示并传递给观赏者,成功完成服装设计的终端环节,并最终实现服装的产品价值,空间展示是一大要素。每一款服装本身都具有不同的造型,我们又将它称为款式。设计师在设计每一款服装时,都是以人体的穿着状态为参考,以人体的尺寸为数据,以穿着效果为目标的。当所有制作程序结束后,就需要呈现一种状态等待观赏者的欣赏和评价。在这个观赏阶段,服装的呈现状态不可能都与人体的穿着效果相同,可用人模陈列和正挂陈列的方式进行效果展示,使观赏者从空间三维的角度全方位地进行审视。(图1-29)

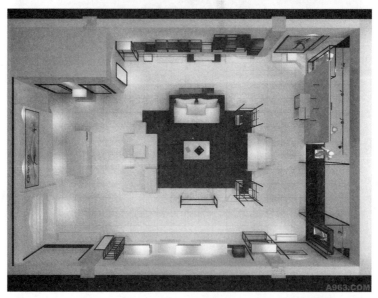

图1-29 空间展示

第四节　服装设计方法的评价

在服装设计过程中,有一项贯穿始终的工作,不断地在审视设计的进程中调整着设计方向,保证设计的有效进行,这就是设计评价。设计活动的最终目标是获得满足需求的最优设计方案,而最优设计方案的选择是通过设计评价来实现的。正如印度设计师维杰·格普泰所述:"设计质量这一问题有两个方面:其一,对性能或质量的各个方面必须有一种有效的标准;其二,要把这些独立的标准组合起来,使之成为有效的组合标准,在这种有效的组合标准的基础上,才可以对各种不同的设计方案进行全面比较。"所以,一项产品的实际价值,可用它的全能价值来衡量。

一、评价标准

1. 设计创新评价

创新度是设计的生命所在,造型是在外轮廓元素、内轮廓元素、色彩元素、图案元素、材质元素、工艺元素、装饰附件元素中进行选择,将影响造型的这些元素统归在一起,进行多项重新组合,或打散重构成新的东西。设计师头脑中的造型设计理念就通过这些元素为媒介进行物化,创造出很多"拟物"设计。所以,设计评价必须多方面、多层次地展开进行,才能够获取对作品真实客观的评价表述。(图1-30)

2. 品牌风格评价

品牌服装设计追求的最高境界就是服装的风格设计,即为自身的品牌产品创造崭新的服装风格。设计师要达到创意服装设计的目的并不难,只要通过不同的手法将服装的面料组合起来,并与人体产生一定的联系就可以了,但这一切并不意味着风格的诞生。评判某一品牌服装成功与否,必须考察它是否树立起了自身的设计风格,并将这种风格很好地延续在每一季的产品之中。风格是品牌发展的基础,也是设计师成熟的标志。(图1-31)

图 1-30　设计创新评价（金陵科技学院　池静雅　魏　峰　王新宇）

图 1-31　品牌风格评价

3. 服用功能评价

服装是我们每个人生活中的必需品,因此服装自身所产生的穿用功能是非常重要的。一件优秀的服装作品如果失去了服用功能,那么也即失去了本质上存在的价值和意义。服装如何更舒适地为着装者所享用,应该是每一位设计师时刻思索的首要问题,在此基础上才能进行各种造型的创意,否则即便创作出了全新意义上的设计,但却无法穿着或是妨碍活动的自由,这种丧失功能性的服装只能称为艺术品,而不能成为一件具有实用价值的服装产品。(图 1-32)

图 1-32　服用功能评价(金陵科技学院　魏　峰)

二、评价方式

1. 静态展示

服装的静态展示是一项综合性的事务,是通过服装产品、货架、模特、灯光、色彩等一系列服装展示元素进行的一种有目的、有组织的科学规划,把服装产品的物质与精神传递给观赏者的表现活动。服装静态展示的陈列主要有挂装陈列、叠装陈列、人模陈列、平面陈列等形式。(图 1-33)

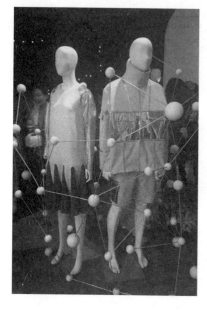

图 1-33　静态展示

2. 动态展示

服装的动态展示也是一项综合性的事务,是通过服装、模特、音乐、灯光、舞台等手段来进行产品展示的一种形式和活动。通过对秀场主题的策划与安排,确定模特的妆容和发型,排定演出程序,明确演出风格,去充实和表现设计师的创作理念,体现作品的精神内涵,推广产品的大众接受度。(图 1-34)

图 1-34　动态展示(金陵科技学院　高大山　戴文栩)

本章小结

　　服装设计方法的目的很明确,即在各种条件的限制内协调人与之相适应的合理性,以使其设计结果能够影响和改变人的生活状态。要达到这种目的,最根本的途径是设计的概念来源,也就是原始的创作动力,它是否适应设计程序的要求并且能够解决问题。而取得这种概念的途径,应该是依靠科学和理性的分析来发现问题,进而提出解决问题的整体方案,全部过程是一个循序渐进和自然而然的孵化过程。设计师的设计方法应在其占有相当可观的已知资料的基础上,很合理地像流水一样自然流淌出来。当然,在设计中,功能的理性分析与在艺术形式上的完美结合,要依靠设计师内在的品质修养与实践经验来实现。这就要求设计师应该广泛涉猎不同门类的知识,对任何事物都抱有积极的态度和敏锐的观察。

【思考与练习】

　　1. 认识当今流行趋势的主要途径及方法有哪些?
　　2. 阐述作为一名服装设计师所应具备的关于创意服装设计表达的素质。
　　3. 结合消费心理学知识谈谈服装的动态展示对于服装销售的引导作用。
　　4. 简述纵向比较对于创意服装设计的重要性。
　　5. 通过创意服装设计的调研活动,掌握所在城市的大学生消费群体关于创意服装的消费趋势,并绘制出相应的 5～8 款服装款式图。

第二章
——
服装设计方法的

装
计
法
的
思维

服装设计中堪称第一要素的应该就是思维,故此现代设计师都十分注重灵感的培养。因为没有灵感的激发,设计师便会才思枯竭,构思不出具有创意和突破性的作品。服装艺术是时空环境和信息流程中的一种行为方式,同时也是一种文化的方式,所以,服装设计必须以满足人们生理、心理、认知和审美的需要为前提,在性质、功能、结构、造型等各方面,使服装在平面和空间的效果和视觉形象上,追求具有形式感、艺术感、情趣感和体量感的表现,这是一项综合性的整体设计。设计师必须具有相应的文化、历史、音乐、色彩、美术、雕塑、建筑等多方面的文化底蕴,并且在设计过程中运用多元创作的思维,才能够创作出符合这种意义的作品。

案 例 ⟶

　　《甄嬛传》是一部家喻户晓的优秀电视剧作品。作为近代清宫剧的代表,剧中众多人物角色的服装设计,受到了社会和观众的一致认可和好评。从皇上皇后,到嫔妃丫鬟,服饰无不细致而且考究,契合人物身份与性格。这张孙俪饰演的甄嬛定妆照,反映了女主待字闺中未嫁时一副小家碧玉的模样。上着舒袖小袄,下着马面长裙。碧绿袄子的渐变色印花,似是荷塘春色的图案,把少女情怀以一种含蓄清雅的方式描绘了出来。汉军旗出身的甄嬛,虽是旗籍,但此时的服装却与汉族女子类似。由此可见,现代服饰不是孤立的文化现象,它是传统文化的延伸,历史进化的产物,是民族文化内涵与艺术表现形式的完美统一。正如习近平所说:"中华文化积淀着中华民族最深沉的精神追求,是中华民族生生不息、发展壮大的丰厚滋养。"正是这深厚的文化底蕴给予现代设计以源源不断的灵感与思路。

第一节　服装设计的思维方法

在人类生活和工作的一切领域中,人们若想有所突破、有所创新、有所进步,都离不开设计思维的运用。设计思维指的是进行设计时的构思方法,是生成设计最初的突破口。设计思维对于设计、研究工作尤为重要,也是服装设计师赖以成功的决定性因素。创意服装的设计更需要设计师运用设计思维不断地推陈出新,创作出具有崭新意义的好作品。设计思维以灵活、多样、新奇为特征,要求设计师多角度、多层面地去看待生活中平常的事物,从一切事物的共性中发现个性,完成前所未有的设计创意。在科技突飞猛进的时代,设计师通过设计思维的展开进行立体性的综合思考,结合精深的专业知识和长期的实践经验,抓住有利契机,使创造灵感蓬勃而发,服装优秀作品不断地推陈出新。

一、常规设计思维

常规设计思维又称为正向思维,是一种长于继承或沿袭的惯性思维,是人们习惯的一种思维方式。常规思维就是顺应人们对事物发展规律的正常理解和认识,自然地感受事物的面目并且适当予以变化。这种方式是直接发现问题,根据问题的焦点从正面甚至是表面直接寻找解决问题的办法(图 2-1)。常规思维对事物的认识非常直观,并赋予一定的逻辑性和推理性,但是万变不离其宗,无论怎么变化还是有一个常规的框架。例如表现方的造型,最多只是进行一些细小的变化,比如处理成边角带有少许弧度,但是绝对不会变成圆形或三角形。常规思维在系列服装设计中,通常可以发挥保持风格、决定整体品位的作用。

图 2-1　以鱼为灵感的创意服装设计（金陵科技学院　洪国娇　邹　瑜）

常规思维是设计中最常用的一种思维方式,按照一定的模式进行构思创作,中规中矩,不求太大的突破。如设计经典服装,就会想到采用印象中的风格、造型特征以及常用的面料色彩等,然后在这个范围之内进行设计;设计职业套装,就会想到采用精纺毛料;设计高级礼服,就会想到采用丝绸、织锦缎等。再如,进行男装设计,就会与棱角分明、刚健有力联系起来;进行内衣设计,就会想到棉质面料,想到透气性、舒适性等一系列已成定势的规律。所以在通常情况下,常规设计思维使用的频率是最为普遍的。

二、逆向设计思维

变异设计思维又称为逆向思维,就是从事物的相反方向来考虑问题的一种思维方法。它常常与事物常理相悖,但却能达到出其不意的观赏效果(图 2-2)。因此,在创造性思维中,逆向思维是最活跃的部分。服装设计具有时尚、流行和多变的特点,如果按照常规的思路来进行设计,有时会使作品缺乏创造性,不能起到引导潮流的作用,而采用逆向思维则会取得意想不到的效果。从中外服装艺术发展的历史来看,我们常常可以在创意服装流行的过程中感受到逆向思维的影响。例如在某一时期或某种环境下,当人们追求华丽和夸张的创意服装,以豪华绮丽的风格满足自己的审美心理时,那么在这种流行过后,人们势必会从简约和朴实中体验到一种新的境界,这就是所谓流行的逆向思维模式。

一些世界级时装大师的作品之所以经典,往往也是采用了逆向思维的设计方法。意大利设计大师夏帕瑞丽的"错位"设计就是典型的逆向思维,将帽子设计成鞋子的形状,追求着一种丑陋的雅致;与其同时代的另一位设计巨匠香奈尔将黄金比中的 3∶5 或 5∶8 转变为 5∶3 或 8∶5 时,假小子风貌便被她塑造得淋漓尽致;而"朋克之母"维维安·维斯特伍德更是长于以违反常规的审美心理,将叛逆的服装设计到极致。这一切设计的成功都是大师们运用逆向思维的方法体现。

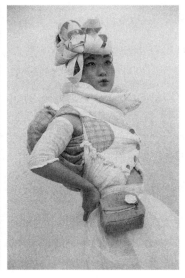

图 2-2　反其道而行之是逆向思维的设计宗旨(金陵科技学院　许　可)

三、发散设计思维

发散思维是经由对一个信息的感悟、刺激,而产生多个信息灵感的一种思维方式。发散思维的作品多具有系列性,通常由一个事物中获知的灵感延伸得到一系列相同风格的作品。例如由法国设计大师迪奥首创的字母造型服装,就是逐渐衍射形成群体的。发散思维主要是设计师运用了形象思维和立体思维,对服装整体造型进行全方位思考,以服装的某一点为中心,扩展和延伸到服装的整体。根据服装创作的出发点和灵感的来源,进行挖掘和联想,为创意服装的设计提供广阔的思维空间。发散思维方法在服装系列设计中运用时更能表现出服装的韵律和节奏,使服装既能在统一中体现细节的变化,又能在变化中把握造型的统一。

优秀的服装设计作品应当有设计师独特的个性气质和深刻的思想内涵,也就是通常所说的风格,但风格背后是设计师的发散联想,是思维的扩展与再凝聚。如日本著名的设计师森英惠常从日本传统文化中得到灵感启发,运用服装元素来表达她的设计主张;而法国设计师克里斯汀·拉克鲁瓦则善于吸收法国巴洛克和洛可可时期华丽的复古风格,由此创作出了很多具有浪漫气息的礼服精品(图2-3)。

图2-3 森英惠源于日本传统服饰的造型设计

四、聚合设计思维

聚合设计思维是在已有的众多信息中寻找一种最佳的解决问题方法的思维方式。在运用聚合设计思维的过程中,要想准确发现最佳设计方案,就必须综合考察各种思维成果,进行综合的比较和分析。在创意服装设计的过程中,服装设计师应注意培养对众多信息进行收集、分析和归纳的基本素质。创意服装从其构成上来说,是许多已有的细部造型按照设计师或消费者的意愿和需要,选择出有用的设计元素,经过设计师的重新组织进行再创造和升华的一个过程。设计师对聚合设计思维的娴熟应用,才能确保重组过程的再创造性。(图2-4)

图 2-4 聚合思维下的造型设计
（金陵科技学院 王 晨 陈丽娟 汤淑娟 魏 峰）

运用聚合设计思维设计创意服装时，可以采用加、减、扩、展、移等设计方式来进行。比如，在服装设计中，为了使原有的服装产生新意，可以选用主体附加的方法，即通过局部添加和缩减来达到目的。如将普通的无领、直襟、四兜、合体等特性的要素合为一体，产生新的创意服装；在无袖服装上加上各式各样的袖形，就能产生各种风格不同的创意服装。

五、联想设计思维

联想设计思维是根据各事物之间接近、相似或相对的特点，进行由此及彼、由近及远、由表及里的一种思维方法（图 2-5）。这种思维是通过对两种以上事物之间存在的关联性与可比性的联系，去扩展人脑中固有的思维，使其由旧见新，由已知推未知，从而获得更多的

图 2-5　由联想而生的造型设计（金陵科技学院　贾　玲）

设想、预见和推测。在创意服装设计的过程中，我们可以从自然界或其他造型艺术中得到启示，将我们所能看到的、具有一定艺术特性的形状经过变形或改造，创造出具有个性和特色、符合服装特性的新的创意服装。

从中外服装设计的发展过程中，我们可以找到许多运用联想思维法进行创意服装设计的成功例子。在西方服装发展艺术史上，中世纪哥特式时期的创意服装大多来源于那个时期的建筑造型，其中亨宁帽就是运用联想思维进行创造的最好例证。20 世纪 70 年代，法国著名设计师皮尔·卡丹访问中国时，从中国古代建筑——故宫的造型中得到灵感启发，由此设计了一系列具有中国特色和风格的"建筑风"作品，都是运用这种思维方法的实例见证。

六、无理设计思维

无理思维就是故意打破思维的合理性而进行一些不太合理的思考，然后从这些不合理中寻找灵感，发现突破口，再从中整理出比较合理的部分。无理设计思维常将设计中许多没有道理的部分进行重新组合，可以从中发现值得保留的创新元素，从而突破性地改变事物原有的形象，创造出一种新奇的意境。许多设计如果在过程中一板一眼、教条刻板，就会让人感觉索然无味。相反，利用无理思维的构思，反而会使观者由不正确的视觉印象而对设计充满了趣味。例如，领子本来是从脖子套进去的，而利用无理思维将其从胳膊套进去，在看似穿错了的感觉中寻求一种创新的乐趣。

回顾服装设计中的历史经典，我们会发现许多辉煌都是大师们运用无理设计思维铸就的。1983 年春夏，川久保玲推出的乞丐服无不让世人瞠目结舌（图 2-6），大师从看似丑陋无用的元素中，通过独到的设计眼光和构思组合，创造出的优秀作品震撼了整个时

图 2-6　川久保玲设计的乞丐服

装界。2002 年春夏,亚历山大·麦克奎恩设计的作品中,两根钢钎如刺刀般穿过女模特的胸腔,展示场面充斥着血腥和惊恐,一反大众对时装唯美展现的印象,深刻体现了设计师天马行空,从无理设计中创造新思路的才华(图 2-7)。

图 2-7　麦克奎恩设计的钢钎穿胸

第二节 服装设计方法的创意

　　创意在服装设计中有着十分重要的地位,服装的流行在很大程度上也可以说是造型的变化,因此造型的创意是服装设计的关键,创新才能使服装不被同化、重复和雷同而具有生存的独创性和生命力。古人云:"授人以鱼,只供一饭之需;教人以渔,则终生受用无穷。"这句话道出了凡事的作为中处理方法的重要性。如何在满足人体舒适性的前提下进行创意服装的创新,已成为当前设计师进行设计时所思考的首要问题。设计师只有通过不懈地学习,努力提高思维能力,正确运用思维方法,加强发现问题、解决问题的能力,才能在设计中寻求到体现艺术与科学紧密结合的独特表现方式,丰富服装产品的审美表达,提高设计的创造品质,在社会需要和设计创新之间结出丰硕的果实。

一、夸张法

　　夸张法是把事物的状态和特性放大或缩小,在趋向极端位置的过程中截取其利用的可能性的一种设计方法。夸张法通常是以一个原有造型为基础,这些造型可以是领、袖、袋或衣服等服装上的任何一个设计元素,在此基础上对其进行放大或缩小,追求其造型上的极限,并以此确定最理想的造型。任何设计元素的夸大或缩小全凭设计师根据设计的要求自由把握,夸张法特别适合于前卫风格服装的设计。

　　夸张法的形式多样,如重叠、组合、变换、接线的移动和分解等,可以从位置高低、长短、粗细、轻重、厚薄、软硬等方面进行造型极限夸张。例如一款正常的翻折领,经设计师的极度夸张后,成为整个衣身上面积最为显著的一个部件,也很显然,这么一款超大的领型设计正是设计师的创新所在(图2-8)。又如发布会中常见的两片袖可夸张到膨胀的羊

图2-8 翻折领的夸张设计(金陵科技学院　王梓峣　韦　婷)

腿袖(图 2-9),也有缩小成只在肩头做一点装饰的无袖。

图 2-9　衣袖的夸张设计(金陵科技学院　邹　瑜　陈凯文)

二、逆向法

逆向法又称反传统法,是一种打破常规,以设计别出心裁的作品为结果的设计方法,要求设计师对所思考的问题进行对立、颠倒、反面、逆转等角度的变化,从而创造性地解决现有问题。这种方法使人站在习惯性思考问题的反面,从颠倒的角度去看问题,故而常会收获不同的发现,例如男装女穿、新装做旧、内衣外穿(图 2-10)等。总之,逆向法是服装设计上的一个重要突破。

图 2-10 内衣外穿的造型设计（金陵科技学院 胡 颖 郑贤姬）

　　在服装设计领域,运用逆向法导致成功设计的情况并不少见。克里斯汀·迪奥在二战后逆女装男性化的潮流,推出"新风貌女装",并由此一举成名;20世纪七八十年代的紧身上衣和喇叭裤等,给人们的身体带来诸多不适,又给生活带来很多不便,而90年代以后流行的休闲装却反其道而行之,以宽松见长,让人穿上感觉舒适、方便、轻快,故而深受人们的欢迎（图 2-11）。使用逆向法时一定要灵活,切不可生搬硬套,设计的作品无论多有新意,也要保持原有事物的自身特点,否则就会使设计显得生硬而滑稽。内衣外穿也不是把一件内衣套在外面即可,而是要借助内衣形的同时还要兼具外衣的特征。

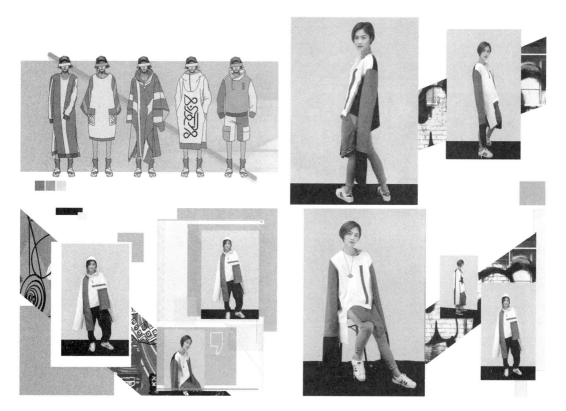

图 2-11 继束身风后盛行的休闲风（金陵科技学院 徐焕焕）

三、变换法

变换法是指改变事物中的某一现状,产生新的形态。设计的含义之一是创新,无论更改哪个方面,都会赋予设计以新的含义。服装由设计、材料、工艺三大要素构成,因此变换法在服装中的应用可以从这三个方面入手。

1. 变换设计

变换设计主要指变换服装的造型和色彩及饰物等。如将西方传统婚纱的白色改为中国传统婚服的红色(图 2-12),或将其西式造型改为中式旗袍造型,就赋予了原有婚纱全新的设计含义。

图 2-12　婚纱色彩的变换设计

2. 变换材料

变换材料是指变换服装中的面料和辅料。如将针织面料拼接梭织皮革面料(图 2-13),就可以从材料的角度起到丰富设计手法的效果。同时,较之针织材料而言,皮革面料更具光亮度,与针织的暗哑材质形成一种肌理上的对比,而且也较针织品而言更具牢固性。因此,这样设计的服装在市场上已是屡见不鲜了。

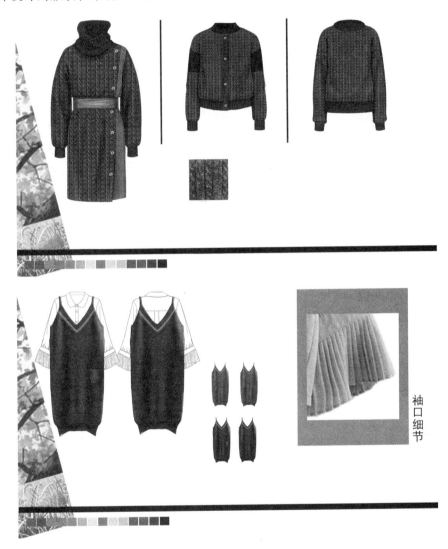

图 2-13 针织材质的变换设计(金陵科技学院 孙嘉齐)

3. 变换工艺

变换工艺是指变换服装的结构和制作工艺。结构设计是服装设计中一个非常重要的方面,变动分割线的部位就可能改变服装的风格,而不同的制作工艺也会使服装具有不同的风格。如在同样造型的西装上摒弃以前厚重板结的传统工艺,改用轻薄柔滑的新工艺,就会使西装呈现出崭新的面貌(图 2-14)。普通的职业装完全用辑明线的工艺也会使服装风格趋向于休闲化。

图 2-14　传统西装工艺的变换设计（金陵科技学院　许　可）

四、联想法

联想法是指以某一个意念为出发点,展开连续想象,截取想象过程中的某一结果为设计所用(图 2-15)。联想法主要是为了寻找新的设计题材,使设计思维突破常规,拓宽设计思路。联想之初,必须有个意念的原型,然后由此展开想象,并进行不断地深化。设计要在

图 2-15　联想设计

一连串的联想过程或结果中找到自己最需要又最适合发展成服装样式的东西。联想法是拓展形象思维的好方法,尤其适合在设计前卫服装和创意服装时使用。

由于每个人的审美情趣、艺术修养和文化素质不尽相同,因此不同的人从同一原型展开联想设计会有不同的设计结果。就像面对全球爆发的金融危机,有的人无论怎样联想都只是满眼灰暗;而有的人则能由当前的灰暗联想到即将到来的复苏,以及不久就会盛行的黄金顶峰,从而对生活、对事业充满了希望和激情。设计也正是需要这样的联想展开,才能确保新作品层出不穷。例如字母造型的服装,就是由一个衍射开来而成为一群的。

五、趣味法

在现实生活中,存在着很多让人觉得非常有趣的事物,这些事物往往具有与众不同的值得玩味的趣味性,把它们尝试通过不同的手段运用到符合主题的设计中,通常会有耐人寻味的设计点出现,从而使得整个设计趣味横生、意趣盎然。

趣味设计主要可从以下方面着手:通过夸张使服装具有某种趣味感,如伞形裙子、蘑菇形上衣;把服装上某些具有一定功能的零部件采用某些有趣的形态,如钟表形口袋、眼镜形挎包等;用类似卡通的鲜亮色彩进行配置,使其具有活泼可爱的特点;或者把趣味性的图案通过印染、刺绣等工艺运用在服装上。(图 2-16)

六、增删法

增删法是指增加或删减现状中必要或不必要的部分,使其复杂化或简单化。增加或删减的东西往往是服装的零部件或无关紧要的装饰。增删法一般适用于实用装设计,对原有的实用服装做局部调整。

增删法主要用于内部结构的调整,从形式上看,某些设计的确是在做增删工作,但是增删是有一定依据的。在服装领域,增删的依据是流行时尚,在追求繁华的年代做的是增加设计(图 2-17),在崇尚简洁的年代做的则为删减设计(图 2-18)。增删的部位、内容和程度根据设计者对时尚的理解和各自的偏爱而定。

图 2-16　趣味设计（金陵科技学院　孙嘉齐）

图 2-17　在简洁的表面增加了线的造型（金陵科技学院　邵蓉蓉）

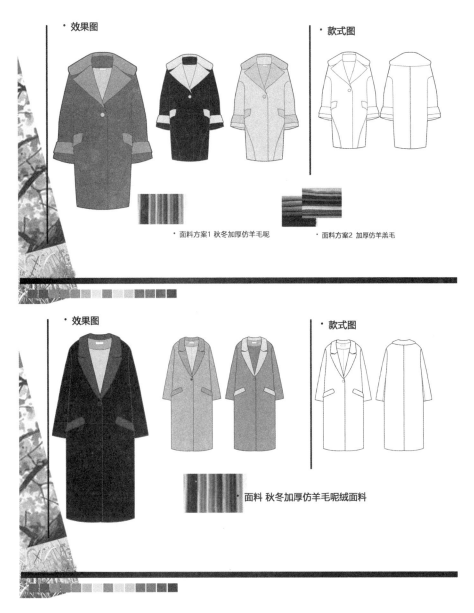

图 2-18 服装表面上摒弃了一切装饰元素(金陵科技学院 孙嘉齐)

七、调研法

调研法是通过收集反馈信息来改进设计的一种设计方法。在服装设计中,特别是在批量生产、上市销售的实用服装的设计中,要使设计符合流行趋势、产品畅销,进行市场调研是必不可少的一个环节。调研的目的是为了取长补短,取其精华,去其糟粕,在市场中发现设计中使产品畅销的元素,力求在以后的设计中继续运用或进一步改进,同时找出不受欢迎的设计元素,在下一个产品中去除。在调研法里有以下三个分支:

1. 优点列记法

优点列记法是罗列现状中存在的优点和长处,继续保持和发扬光大。任何好的设计都有设计的"闪光点",不宜轻易舍弃,应分析其是否存在再利用价值,将这些优点借鉴运用会产生更好的设计结果。

2. 缺点列记法

缺点列记法是罗列现状中存在的缺点和不足,加以改进和去除。服装产品中存在的缺点将直接影响其销售业绩,只有在以后的设计中改正这些引起产品滞销的缺点,才有可能改变现状。缺点列记法在实践中比优点列记法更为重要。

3. 希望点列记法

希望点列记法是收集各种希望和建议,搜索创新的可能。这一方法是对现状的否定,听取对设计最有发言权的多个渠道的意见,意在创新设计。

八、转移法

转移法是根据用途将原有事物转化到另外的范围使用,寻找解决问题的新的可能性,研究其在别的领域是否可行,可否使用替代品等的一种设计方法。有些问题难以在本领域很好解决,而将这些问题转移到别的领域以后,由于事物的性质发生了变化,容易引起思维的突变性变化,从而产生新的结果。

转移法在服装中的主要表现是将不同风格的服装互相碰撞,从而产生出新服装品种。转移法既可用在单件服装的设计,又可从宏观方面进行服装新品种的开发,研究服装风格。如将西服转移到休闲装领域,就变成了休闲西装(图 2-19);将运动装转移到家居服中,就会产生运动形式的家居服(图 2-20)。两种相互转换的事物之间看谁的分量重则主要属性就倾向于谁,分量轻的一方则处于从属地位。

图 2-19 休闲西装(金陵科技学院 王 静)

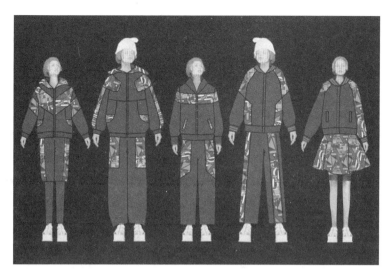

图 2-20 运动式家居服(金陵科技学院 周 懿)

九、结合法

结合法是把两种不同形态和功能的物体结合起来,从而产生新的复合功能。结合法是从功能角度展开设计的方法,在其他设计领域应用也很广泛,如将笔与时钟结合起来,成为计时笔;将录音机与照相机结合起来,成为摄像机等。功能上的结合要合理自然,切忌异想天开生拉硬扯,事实上,功能或造型相差太远的东西是无法结合在一起的。

结合法在服装中往往是将两种不同功能的零部件结合起来,新的造型兼具两种功能。例如,将领子与围巾结合,成为围巾领(图 2-21);将口袋与腰带结合,成为时髦的腰包等。也可以将服装的整体结合起来,形成新的款式。如西装与裤装结合,形成连身裤(图 2-22);袜子与裤子结合成连裤袜。结合法一般适用于实用服装设计。

图 2-21 领子与围巾结合的围巾领(金陵科技学院 张惠柏)

图 2-22 西装与裤装结合的西装连身裤(金陵科技学院 许 可)

十、追寻法

追寻法是以一个事物为基础,追踪寻找所有相关事物进行筛选整理。当一个新的造型设计出来后,设计思维不该就此停止,而是应该顺着原来的设计思路继续下去,把相关的造型尽可能多地开发出来,然后从中选择一个最佳方案。追寻法由于设计思维没有停止而使得后面的造型不至于过早夭折。系列化设计中经常使用追寻法(图 2-23)。

图 2-23　以追寻法进行的系列服装设计（金陵科技学院　刘　蕴　曹文科　韦　婷）

　　追寻法很适合大量而快速的设计,设计思路一旦打开,人的思维会变得非常活跃、快捷,脑海中会在短时间内闪现出无数种设计方案,追寻法可以迅速地捕捉住这些设计方案,从而衍生出一系列相关设计。经常用追寻法进行设计,久而久之,设计的熟练程度会迅速提高,对应付大量的设计任务易如反掌。

十一、整体法

　　整体法是由整体展开逐步推进到局部的一种设计方法。在服装设计中,先根据风格确定服装的整体轮廓,包括服装的款式、色彩、面料等,然后在此基础上再确定服装的内部结构,内部的东西与整体要相互关联,相互协调。这种方法比较容易从整体上控制设计结果,使得设计具有全局观念强、局部特点鲜明的效果。整体法适用于前卫服装或实用服装的设计。

在服装设计中,设计者由于某种灵感的启发而在构思过程中形成了整体造型的轮廓,此时,领子、袖子、口袋等局部造型要与整体造型相协调,避免出现与整体造型相矛盾的局部造型,否则由造型产生的形态感难以统一,造成风格上的混乱。如一件方领的职业女装,其内部结构中也应采用方形口袋及方形下摆等,如果采用圆形细节则会显得过于随便而缺乏严谨感。(图 2-24)

图 2-24　口袋、衣摆都完全统一的整体造型(金陵科技学院　何顺昌)

十二、局部法

与整体法相反,局部法是以局部为出发点,进而扩张到整体的一种设计方法。这种方法比较容易把握服装局部的设计效果。

服装设计师往往很容易被一些精致的小玩意所吸引,这些小玩意经过一番改动便会变成服装上精致的局部造型(图 2-25)。有时设计师会对资料中的某一个局部爱不释手,并由此产生新的设计灵感,于是会把一部分运用到新设计中去,并寻找与之相配的整体造型。但如果不相配就会形成视觉上的混乱。

十三、限定法

限定法是指在事物的某些要素被限定的情况下进行设计的一种方法。严格地讲,任何设计都有不同程度的限定,如成衣价格的限定、用途功能的限定、规格尺寸的限定等。这里所说的限定,是指设计要素的限定。限定法在实用服装的设计中用得比较多。

从设计构成要素的角度讲,限定条件可以分为六个方面:造型限定、色彩限定(图 2-26)、面料限定、辅料限定、结构限定、工艺限定。有时在设计时只有单项限定,但有时会在设计要求中对上面六个方面进行多项限定。设计的自由程度受限定方面

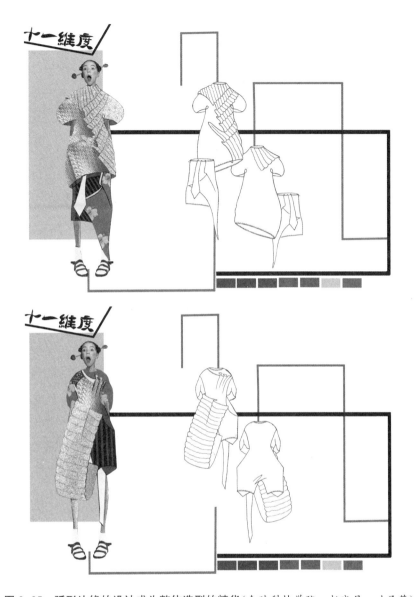

图 2-25 弧形边缘的设计成为整体造型的精华(金陵科技学院 赵晓月 叶圣荣)

的影响,限定方面越多,设计越不自由,但也越能检验设计师的设计能力。如限定条件"蓝色、全毛面料"就比"X型、蓝色、全毛面料、装饰结构线"简单得多。

十四、移用法

移用法是通过对已有造型进行有选择地吸收融会和巧挪妙借形成新的设计的一种方法。移用体可以是服装本身,也可以是其他造型物体中具体的形、色、质及其组合形式。采用移用法进行设计极易引出别出心裁、富有创意的设计。移用包括直接移用和间接移用两种形式。

1. 直接移用

客观存在的各种各样大大小小的造型样式,其实各有其可取之处,将这些可取之处直

图 2-26　色彩在黑白限定下的造型设计（金陵科技学院　卞玉樊　邹文婉）

接移用到新的设计中可能会轻而易举地取得巧妙生动的设计效果。在服装设计中,设计精巧的服装本身、包袋、鞋帽、装饰品以及设计中某种局部造型的色、形、质或者某种工艺手法和造型手法等都可以直接移用到新的设计中去。直接移用一定要灵活,切忌生搬硬套,移用体与新设计风格要相互协调,避免给人视觉上和感觉上的混乱感。例如,将中式上装的盘扣移用到裤脚或袖口上;将中国山水画中的晕染技术移用到服装的设计中作为图案(图 2-27)等。

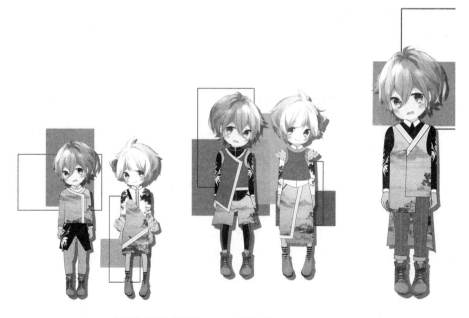

图 2-27　中国山水画中的晕染技术移用到服装的造型设计（金陵科技学院　路丽丽）

2. 间接移用

不同类别的设计造型有时是很难将其直接移用的，这时就需要在借鉴移用时有所取舍，或者借鉴其造型而改变其材质，或者借鉴其材质而改变其造型，或者借鉴其工艺手法而改变其色、形、质等。由于服装是直接与人体相结合，所以在服装设计时要考虑到人体的适用性。间接移用并不单纯是对移用体表面形式的搬借，而是加入人的情感与观念因素，对已有的各种物体或设计进行有选择、有变化地重组。例如，移用的造型，将其肌理效果换为面料的肌理效果，就变成了某种造型新颖的创意服装（图2-28）；将针织服装的针法用在机织面料服装或饰品的变化设计中等。

图2-28 移用蝴蝶结造型的礼服设计（金陵科技学院 全 鑫）

十五、派生法

派生是我们耳熟能详的一个词语，派生的本义是在造词法中通过改变词根或添加不同的词缀以增加词汇量的构词方法。派生法的特点是要有可供参考进行变化的原型。派生可分为三种形式：廓形与细节同时变化；廓形不变，变化细节；细节不变，改变外形。

在服装设计中，派生法的运用是在某一件参考原型的基础上进行轮廓、细节等的渐次演变。笔者在教学中曾安排学生进行了相关练习，如在同一服装廓形中，变换面料材质（图2-29）；或变换分割线与装饰图案（图2-30），改变局部造型等。

图 2-29 廓形不变，变换面料材质（金陵科技学院 卞玉樊）

图 2-30 廓形不变，变换分割线与装饰图案（金陵科技学院 曹薛蒙 冯 宇）

第三节 创意服装设计的造型方法

从中西方服装发展的历史来看，过去的设计师大多依赖平面进行设计与剪裁，直到近现代设计师才逐渐由平面意识转向空间意识，来进行服装的功能与视觉效果的思考和构思。这一设计方法上的历史性转变首先应该是观念与思维的转变,其次就是在造型方法上的应用,它标志着服装行业中裁缝师到设计师的质的转变与飞跃。由此开始,设计大师纷纷在他们的作品中,充分展示了空间想象力和设计才华,为后人提供了十分丰富的设计理论和手法,也给予了我们更多创新的启示和遐想。根据研究内容和表达方式,通常将造型方法分为基本造型方法和专门造型方法。

一、基本造型方法

基本造型方法是指从造型本身规律出发的、广泛适用视觉艺术各专业所需要的造型方法。由于造型基本方法研究的是造型的组合、派生、重整和架构等一般规律,并不单纯为服装设计服务,它具有更多的普遍性和通用性,因此是设计者务必了解和掌握的造型方法。通过这些造型方法,不仅可以为理解造型规律奠定基础,还可以举一反三地创新适合自己的其他造型手段。

基本造型手法中包括许多具体的造型手段,其共同特征是对原有造型进行改造,即以某个原有造型为基本造型进行不同角度的思考。其中虽有殊途同归的结果,但毕竟是视角转换的产物,对于开拓设计思维有着重要意义和作用。

1. 象形法

象形法是把现实形态中的基本造型做符合设计对象的变化。象形具有模仿的特点,但不是简单地将现实搬到设计中去,而是将某个现实形态最优特征的部位概括出来,进行必要的造型处理。虽然象形法并不排斥将现实形态几乎一成不变地用于某个设计的造型,例如,苹果形电话机、人物型灯具等,但是服装的自身特点往往限制这种做法,将简单地模仿变为巧妙地利用,否则会落入过于直观、道具化、图解化的俗套。(图 2-31)

图 2-31 象形法造型设计(金陵科技学院 何顺昌 焦 薇)

2. 并置法

并置法是将某一个基本造型并列放置,产生新的造型。并置法不相互重叠,因而基本造型仍清晰地保持原有特征(图 2-32)。并置法具有集群效果,视觉效果虽不如单一造型那么集中,但其规模效应却大大加强了表现力度。并置法的运用可以灵活多变,既可以平齐并置,也可以错位并置。并置以后,还可以根据设计对象的特点做必要的调整。

由荷叶边并置的造型设计(金陵科技学院　胡　颖)

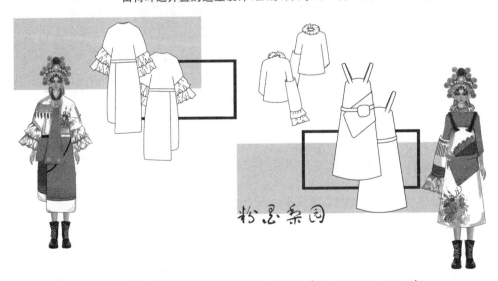

图 2-32　由荷叶边并置的造型设计(金陵科技学院　洪国娇　王　峰)

3. 分离法

分离法是指将某一基本造型分割支离,组成新的造型。分离时,对基本造型做切割处理,然后拉开一定距离,形成分离状态,既可以保留分离的结果组成新的造型,也可以去除某些不必要的部分,化整为零(图 2-33)。就服装设计而言,分离后的造型之间必须有某种联系物。例如,用薄纱、布料、饰物等在腰部或肩部切割分离,用透明塑料把切割后的部分连起来。

图 2-33 礼服的分离造型设计(金陵科技学院 王梓峣 韦 婷)

4. 叠加法

叠加法是指将基本造型做重叠处理。与并置法不同的是,叠加以后的基本造型会改变单一的原有特征,其形态意义由叠加而得的新造型而定。叠加法的造型效果有投影效果和透叠效果两种。投影效果仅取叠加以后的外轮廓线,清晰明了;投影效果在厚重面料的设计中较为明显,厚重面料叠加,只能看到面积最大的面料造型的轮廓;透叠效果则保留叠加所形成的内外轮廓,层次丰富;透叠法在轻盈薄透的面料设计中效果较为明显,由于面料本身的透明,使得叠加在一起的造型都能被看到,只不过最外层的清晰明了,内层的若隐若现而已,就像雾里看花、水中捞月,在虚虚实实、真真假假中体现一种朦胧美,这也正是有些设计所追求的缥缈灵动的设计效果。(图 2-34)

5. 旋转法

旋转法是将某一造型做一定角度的旋转,取得新造型的一种设计方法。旋转法一般是以基本造型的某一边缘作为圆心进行一次或多次旋转,由于旋转角度的关系,旋转以后的某些部分会出现类似叠加的效果。旋转可分为定点旋转和移点旋转,定点旋转即以某一点做圆心进行多次旋转;移点旋转是在基本造型边缘取多个圆心进行一次旋转或多次旋转(图 2-35)。

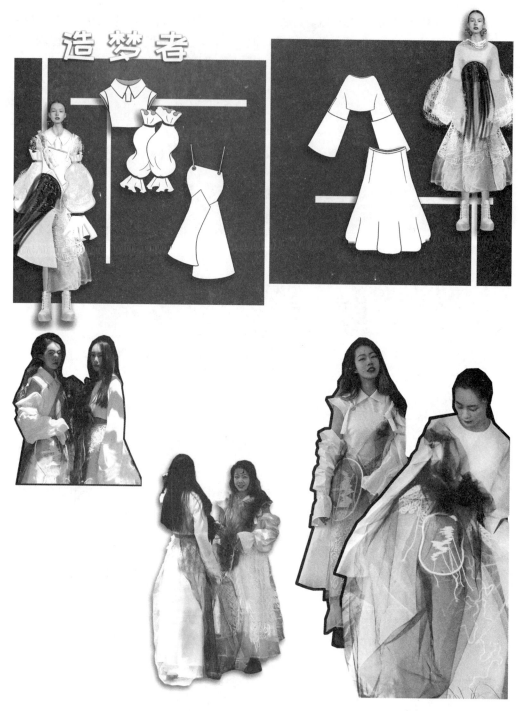

图 2-34　通过造型叠加产生的透叠效果(金陵科技学院　洪国娇)

图 2-35 裙装上基本造型的移点旋转(金陵科技学院 路丽丽)

6. 发射法

发射法是指把基本造型按照发射的特点排列,是一种常见的自然结构。焰火的点燃、太阳的光芒等都成发射状。发射具有很强的方向性,发射中心成为视觉焦点,可以分为由内向外或由外向内的中心点发射、以旋绕方式排列逐渐旋开的螺旋式发射和层层环绕一个焦点的同心式发射三种。在服装设计中,往往把发射造型用于创意服装或局部装饰。(图 2-36)

图 2-36 发射造型设计(金陵科技学院 张惠柏)

7. 镂空法

镂空法是指在基本造型上做镂空处理。镂空法一般只对物体的内轮廓产生作用,是一种产生虚拟平面或虚拟立体的造型方法。镂空法可以打破整体造型的沉闷感,具有通灵剔透的感觉(图2-37)。镂空法分为绝对镂空和相对镂空,绝对镂空是指把镂空部位挖空,不再做其他处理,也叫单纯镂空;相对镂空是指把镂空部位挖空后再镶入其他东西。

图2-37　镂空造型设计(金陵科技学院　张　鑫)

8. 悬挂法

悬挂法是指在一个基本造型的表面附着其他造型。其特征是被悬挂物游离于或基本游离于基本造型之上,仅用必不可少的材料相联系(图2-38)。虽然在平面上可以悬挂其他平面,但是我们习惯上是把它看做叠加法里的内容。悬挂法是特指立体感很强的造型而言,例如,在平面上挂一个球体,造型就有了根本性变化。

9. 肌理法

肌理是指物体材料的表面特征及质地。肌理法是指通常用粘贴、卷曲、揉搓、压印等方法,制造出材料表面具有一定空间凹凸起伏效果的方法(图2-39)。服装设计中的肌理效果,是由辑缝、抽褶、雕绣、镂空、植加其他材料装饰等对面料进行再创造来表现的,面料本身的肌理除外。服装肌理表现形式有多种多样,表现风格各有特色,运用好肌理效果,可增加服装的审美情趣。很多设计大师的设计作品就是以面料的肌理效果作为设计特色。

图 2-38 装饰丝带均悬挂游离于裙装表面(金陵科技学院 邹 瑜)

图 2-39　不同的肌理造型（金陵科技学院　司　佳）

10. 变向法

变向法是指改变某一造型放置的位置或方向从而产生新的造型。比如假发本来是在头部用的，可却穿用到了下身，就是变向法的运用。变向法应用在具体设计中，并不是简单地将方向或位置改变一下而已，而是将改变方向后的相应部位做合适的处理，使其仍保留服装的基本特征。如上述将假发穿用到了下身，并不意味着还要追究衣摆的功能性，仅仅只是表现一种形式上的创新而已。作为一种造型方法，使用变向法的根本目的就是创造全新的造型。（图 2-40）

图 2-40　假发由常规的头部位置转移成为裙装造型

二、专门造型方法

相对于基本造型方法来说,专门造型方法指专门根据服装的特点而创造造型的方法。服装的适体性、柔软性、悬垂性等造型特点是许多其他设计门类所没有的,因此,在基本造型方法的基础上,掌握服装的专门造型方法是必要的。这里所说的专门造型方法其实是专门针对柔软的服装材料来探讨的,因此,也可以说是软造型的造型方法。绝大部分服装是由柔软的纺织类或非纺织类材料制成的,在这里,介绍几种主要的创意服装造型方法。

1. 系扎法

系扎法是指在面料的一定部位用系扎方式改变原造型。系扎材料一般为线状材料,如丝绒、缎带、花边等,这种方式很适合用来改变服装的平面感,系扎点比较随意多变。

可以选择的系扎效果有两种:一是正面系扎效果,其特点是系扎点突出,立体感强,适用于前卫服装;二是反面系扎效果,其特点是系扎点隐含,含蓄优美,适用于实用服装。

具体的系扎方式有两种:一种是点状系扎,即将局部面料拎起一点再作系扎,增加服装的局部变化(图 2-41);另一种是周身系扎,即对服装整体进行系扎,改变服装的整体造型,为了结构的准确,通常先系扎出一定的效果后再正式裁剪。

2. 剪切法

剪切法是指对服装做剪裁处理,即按照设计意图将服装剪出口子。剪切并非剪断,否则变成了分离。剪切既可以在服装的下摆、袖口处进行,也可以在衣身、裙体等整体部位下刀(图 2-42)。长距离纵向剪切,服装会显得更飘逸修长;在中心部位短距离剪切,则产生通气透亮之感;若做长距离横向剪切,则易产生垂荡下坠之感。

剪切仅是一种造型方法,如果直接对服装进行剪切,务必注意有纺材料与无纺材料的区别,以避免纺织材料的脱散。

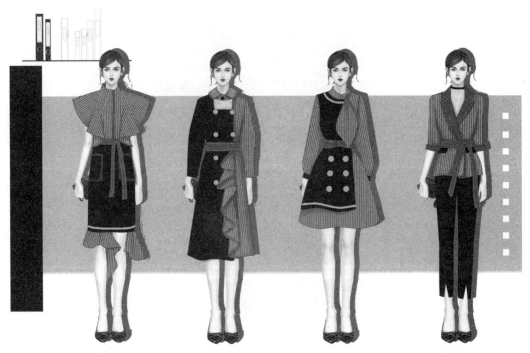

图 2-41　以腰部为系扎点的造型设计（金陵科技学院　卞玉樊　邹文婉　戴文栩）

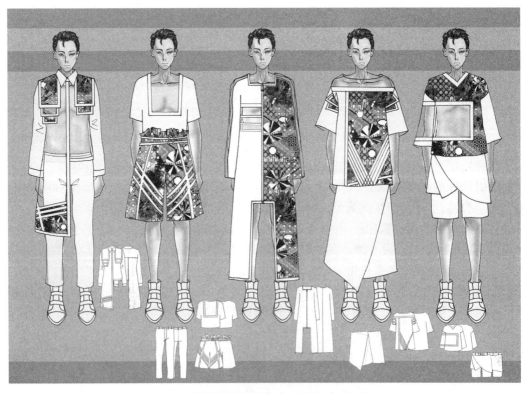

图 2-42　各种剪切造型设计（金陵科技学院　杨欣悦）

3. 撑垫法

撑垫法是指在服装内部用硬质材料做支撑来达到目的。例如,传统的婚礼服或男西装的翘肩造型等。一件普通造型的服装经过撑垫以后可以完全改变面貌,但是如果处理不当,则会使服装显得呆板生硬或者繁琐笨重。因此,撑垫应尽可能选择质料轻、弹性好的材料。

相对来说,撑垫法更适合前卫服装的设计,尤其适合超大体积的道具性服装。(图 2-43)

图 2-43 肩部处的撑垫造型设计(金陵科技学院 许 可 洪国娇 王 峰)

4. 折叠法

折叠法是指将面料进行折叠处理,面料经过折叠以后可以产生折痕,也称褶(图 2-44)。通常的褶有活褶和死褶之分,活褶的立体感强,死褶则稳定性好。褶也有明褶和暗褶之分,明褶表现为各式褶裥,暗褶则多表现为向内的省道。

折叠量的大小决定折叠的效果,褶痕可分为规则褶痕和自由褶痕。与衣纹相比较,褶痕是因为人为因素而产生的,而衣纹则是由穿着而自然产生的。折叠法也是改变服装平面感的常用手法之一。

5. 归拔法

归拔法是指用熨烫原理改变服装原有造型。归拔是利用纤维材料受热后产生收缩或伸张的特性,使平面材料具有曲面效果。归拔法借助工艺手段,使得创意服装造型更贴近人的体型,效果柔顺而精致、含蓄而滋润,绝非其他造型方法所能替代,是高档服装必不可少的造型方法之一(图 2-45)。归拔法多用于贴身形实用服装。

图 2-44　裙装的折叠造型(金陵科技学院　许　可)

图 2-45　运用归拔法加工制作的高档西服(金陵科技学院　邹　瑜　陈凯文)

6. 抽纱法

抽纱法是将织物的经纱或纬纱抽出而改变造型的手法。这种方法有两种表现形式:一是在织物中央抽去经纱或纬纱,必要时再用手针锁边口,类似我国民间传统的雕绣(图 2-46),纱线抽去以后,织物外观呈半透明;二是在织物边缘抽去经纱或纬纱,出现毛边的感觉,毛边还可以编成细瓣状或麦穗状,达到改变原来造型的目的。前者的造型作用不明显,更适合做局部装饰用,后者可改变原有外轮廓,虚实相间。类似的手工和针绣对造型设计也有异曲同工之妙。

图 2-46 我国的传统雕绣

7. 包缠法

包缠法是指用面料进行包裹缠绕处理(图 2-47)。包缠既可以在原有服装表面进行,也可以在人体表面展开。无论采用哪种包缠方式,都要将包缠的最终结果做某种形式的固定,否则包缠结果会飘忽松散。我国少数民族如彝族、普米族和壮族等的头饰即是使用包缠而得。包缠效果既可以光滑平整,也可以褶皱起伏。通常做周遭包缠,过于细小的局部一般无法包缠处理。

图 2-47 包缠法创意下的造型设计(金陵科技学院 许 可)

8. 立裁法

立体裁剪是指在模特上用材料直接裁剪（图2-48）。立体裁剪法是很常用的专门造型方法之一，尤其适合解决平面裁剪难以解决的问题。在立体裁剪过程中，会顺水推舟地出现设计妙想，产生意想不到的艺术效果。许多世界著名的设计大师都很喜欢用这种边裁剪边设计的方法处理服装结构问题。

与基本造型方法一样，一件服装设计并不限于用一种专门造型方法，应该是融会贯通，相互穿插。基本造型方法与专门造型方法相互补充，各有所长，设计者可以各取所需，综合利用。

图 2-48　立体裁剪款式（金陵科技学院　邹　瑜）

本章小结

创意服装设计首要的是依靠设计师的思维而不是技巧，当今服装设计师们都十分注重创作的思维方法，没有思维方法作为创作的指导，就设计不出具有创意的服装作品，只会继承或沿袭。创意服装设计是永无止境的，设计师必须不断充实和更新专业知识，丰富和积累艺术底蕴，才能以多元的思维方法激发层出不穷的设计灵感。因此，思维方法的丰富与活跃是现代服装设计师必备的专业基本功。通过这样一个系统完整的创意服装设计方法的学习，设计师能够形成正确的设计理念和体系化的设计方法步骤。体系化的设计方法也为着眼于创意服装的设计方法开阔了视野，拓展了设计角度。

【思考与练习】

    1. 简述创意服装设计方法的作用与意义。

    2. 创意服装设计中思维方法与造型方法是否存在绝对联系?

    3. 创意服装设计中设计的方法是否有规律可循?

    4. 运用无理设计思维进行创意服装设计,设计系列服装 5~8 款。

第三章

———

服装 装
设计 计
方 法
的

创新

在一切领域中，人们若想对自己的工作有所突破、有所飞跃、有所进步，都离不开创新。可以说，人类的创造活动都起始于创新，借助于创新项目，体现于创新成果。因此，创新思维是一切创造活动的起始点，同样也是服装设计师作品赖以成功的决定因素。创造思维以其灵活、多样、新奇为特征，它要求设计师多角度、多侧面地去看待生活中平常的事物。架构一个服装创新体系是一项非常庞大的系统工程，仅仅将某一样服装产品做得另类古怪，这绝不是真正意义上的创新。要实现服装创新首先是要具备一个好的创新大环境，并且辅助于高效的政策支持机制和高技术的基础设施，以及各产业之间相互顺畅的产业链条。所以，我们对"服装创新"一词的理解不能过于狭隘，把设计重心都放在物质性的具体事物上，而忽略了在精神领域的更为重要的创造性活动。服装创新的营造是一个理念的转变、价值的更替、技术的革新等同时并进、相辅相成的完整系统工程。

案 例 ➡️

国家主席习近平夫人彭丽媛以其数次端庄得体的出访服饰搭配，被国人亲切地称为"丽媛 style"，成为全社会风靡和追随的一种时尚风格。"丽媛 style"是女装界典雅的代名词，代表了中国女性的崭新面貌。这张陪同习主席首次出访俄罗斯的照片中，彭丽媛身着廓形笔挺的海军蓝呢子风衣，搭配淡蓝色丝巾，手提国产黑色皮包，一副中国高定的装扮，透露着高雅的低调感，这种亲民的朴素感使她成为向世界传递中国风的完美代言人。彭丽媛青睐于中国品牌，衣着及配饰中不乏中国元素，举手投足间的落落大方展现了一种文化自信。文化自信来源于博大精深的传统文化，习近平强调，坚持文化自信是更基础、更广泛、更深厚的自信，是更基本、更深沉、更持久的力量。小到服装设计，大到治国理政，中华优秀的传统文化都是至关重要的思想土壤。

第一节　创意服装设计的创新原则

创新的概念最早是由经济学家熊彼特提出的。他在《经济发展理论》一书中指出,现代经济的发展植根于创新。从内涵上看,所谓创新就是"建立一种新的生产函数",也就是实现生产要素的一种从未有过的"新组合"。纵观现代服装设计,人们的需求不断地变换,必须不断推出有着时尚视觉形象之感的衣装样式,来适合人们的衣着审美及文化内涵的期望需求。创新元素是设计师自己的一种思维和意境的独有表达,因为其所表现出的前所未有的品质而具备了创新的意义。设计师应善于从大千世界中获取自然、真实的生活素材,运用联想思维和形式美的法则,根据自己的审美理想需要,进行概括、提炼、归纳和组合,从中吸取创作营养,并巧妙地融合到自己的服装设计中去,从而设计出真正意义上优秀的、崭新的服装作品。

一、以人为本的坚持

人性化是近年来设计界全面倡导的创作主题,它将超越我们过去对人与物关系的认识局限,具有更加全面和立体的思索内涵,沿着时间和空间轨迹向生理和心理感官方向发展,同时,通过虚拟现实、互联网络等多种数字化的形式进行广阔的延伸。人性化设计要求设计师用"心"来进行设计,使服装具备调整消费者的处世心态,提高消费者的生活情趣,满足消费者的心理享受,使服装从根本意义上成为人类的生活必需品。

二、绿色环保的提倡

绿色环保设计起源于设计师的一种道德良知感和社会责任心的回归,体现了人们对于现代科学飞速发展所引起的对环境及生态破坏的一种深刻反思。绿色环保设计是以提倡节约自然资源和保护环境为主要宗旨的一项理念和方法,呼吁社会关爱我们的生活环境,并为我们的子孙后代创建一个可持续的美好家园。绿色设计的表现形式主要有三种风格:简约主义、环保主义和自然主义。在创作和设计的手法上主要体现在对一些新素材的开发和尝试上。

三、传统文化的秉承

服装在人类漫长的形成岁月中,经历了各个时期的发展及变化,服装的造型表现也随着人们各时期的审美情趣等因素的变化而发生差异。服装作为人们意识形态的物化体现,必定反映了时代的文化特征,承袭着传统的审美习俗。例如从欧洲服装的发展史中,我们清楚地看到,西方服装自古以来便有突出性别、展现形体美的风格特征,这与我们东方文明中内敛、含蓄的着装有着很大的区别和差异。(图 3-1)

图 3-1 古希腊人的希玛申着装

四、姊妹艺术的启迪

与建筑、文学、音乐、绘画和雕塑一样,服装也是一种产生于特定文化条件下的艺术形式,它反映了创造它的社会的需要和灵感。150 多年服饰中的时尚反映了新古典主义、浪漫主义、抽象主义等不同的艺术思潮形态。纵观灿烂的服饰历史,现代绘画大师马蒂斯、毕加索、蒙德里安、达利等人的绘画意念与手法,都曾被许多服装设计师淋漓尽致地表现在服装设计之中。

法国"时装王子"伊夫·圣洛朗当年以荷兰画家凡·高的《鸢尾花》作为创作素材的作品,以绘画作为服饰图案,加之廓形上极致简朴现代的造型线,整个设计散发着浓郁的艺术韵味和丰厚的文化底蕴,至今仍被世人作为世纪精品。(图 3-2,图 3-3)

五、创新能力的增强

设计师通过对美极具敏感的反应听觉和视觉,把对现实世界丰富多彩的印象植入心灵,从而在平常人司空见惯的事物中发现美、感受美,并通过艺术的语言进行表达和抒发。

图 3-2 凡·高的《鸢尾花》作品

图 3-3 圣洛朗取材于《鸢尾花》的设计作品

因此只有那些对美具有敏锐的发现和感知能力的设计师,才能具备创造出优秀设计作品的基本条件。对于一名设计师而言,"想象就是最杰出的艺术创作能力"。但想象不能是凭空的,也不能是割断历史的,想象必须依托于丰富的人生经历,来源于艺术的深厚情感,并且植根于生活的浓厚兴趣之中。

六、艺术品位的提高

在服装设计中的直觉对设计师而言起着积极作用。接受外界资讯,用信息来催生设计直觉,从而形成心灵中的精神境界,是每个设计师作品创造的前序过程。由于每个人对外界信息领悟上的差异,导致心灵中的精神境界也就各具千秋,从而创作出的作品在意境上也就迥然不同。所以,设计师就要加强平日艺术和文化的修养积淀,使自己的艺术品位和艺术境界努力达到一个较高的水平,才能保证作品中情与景的完美交融,使服装焕发出生命的意义,传递着设计师与欣赏者之间真切的情感交流。

七、时代潮流的追随

时装是极具流行性和时间性的一种特殊产品,它们时常会被淘汰更新,也会时常受到社会、科技和新艺术思潮的影响,从而更具个性与时代的特质感,形成别具一格的艺术风采。因此,意境独特的设计不是设计师闭门造车的奇思异想,而是应该一刻不停地追随时代的潮流,或以突出现代艺术及科技的脱俗造型,或以标榜昔日辉煌的回归形象等诸如此类的方式,表现人们在新时代的情感,才能够创作出与时俱进、得到世人认可的优秀作品。

八、表现手法的丰富

在服装设计中,以神求形、虚实相间的表现可以说是设计师最重要的一种表现方法了。服装设计中的"神"是一种虚幻的、抽象的事物,它泛指将设计师的情感融入服装作品中所表现出来的一种神采和神韵;而"形"则是一种真实的、具象的事物,它泛指设计师创作出来的具体物象,即消费者服装着装的整体状态。在构思设计服装的过程中,设计师无论是对于具体的还是抽象的事物表现,都要根据服装的主题情境和服用主体的需求,选择吻合的造型、结构、色彩,去积极地进行塑造和表现,并且起着对消费者时尚追求的引导作用。

第二节 创意服装设计的创新思维方法

通常而言,创新思维是一种新奇独特的创造性意识,是想出新方法、建立新理论、做出新成绩、形成新事物的一种前所未有、超越束缚、突破传统的思维模式。创新设计绝不仅仅只是简单地对产品的某个局部进行调整、对产品的某个表面添加装饰,而是要尽力抽取事物的本质,挖掘产品设计背后的深层内涵,这样才能够拓宽创新思路,取得设计上的飞跃。将突破与创新为代表的这种创新思维应用于服装设计之中,可以使设计者发挥更加独特的创造力和想象力,以一种现代的时尚语言与深厚的文化积淀赋予作品情感化、个性化的融合和交织,使作品更加富有艺术魅力和适应社会日新月异的变化发展。

一、头脑风暴法

头脑风暴法是指一种强调集体思考的方法,由美国奥斯朋于1937年提出。此法着重激发设计团队中各成员的创意灵感,鼓励每一个参加者在指定时间内构想出大量的创作方案,并从中引发筛选出新颖的构思,使大家发挥最大的想象力。

二、三三两两讨论法

三三两两讨论法是指在设计团队中将每两人或每三人自由成组,在3分钟限定的时间内,就讨论的设计主题,互相交流设计上的意见,分享创作上的收获。时间结束后,再回到团体中一一汇报,从而对设计水准的提高起着实质性的促进实效。

三、六六讨论法

六六讨论法是指以头脑风暴法作为基础的另一种团体式讨论方法。此法主要为将大团体中的六人分为一组,每小组只进行6分钟的讨论,每人1分钟。小组讨论结束后再回到大团体中,重新交流沟通彼此的意见,并且做出最终评估。

四、心智图法

心智图法是指在设计中以帮助刺激思维及整合思想与信息的一种思考方法。此法主要采用图志式的概念,以线条、图形、符号、颜色、文字、数字等各种方式,将意念和信息快速地摘要下来,成为一幅心智图,以此发挥大脑思考的多元化功能。

五、曼陀罗法

曼陀罗法是指激发扩散性思维的一种设计思考策略和方法。此法主要利用一幅九宫格图,将主题写在中央,然后把由主题所引发出的各种想法或联想写在其余的八个圈内,加强设计人员从多方面进行思考,从而迸发出最佳创作方案。

六、逆向思考法

逆向思考法是指可获得创造性构想的一种思考方法。此法主要打破人们的常规思维模式,从事物的逆反方向进行切入的设计方法,是人类思维过程中进行辩证否定的一种基本方式。在构思过程中,此法的使用可加倍提高设计的创造性。

七、分合法

分合法是指一套团体问题解决的方法,是由戈登于 1961 年提出的。此法主要是将原本不相同亦无关联的元素重新加以整合,使之产生新的意念及面貌。利用模拟与隐喻的作用,帮助设计者分析问题,从而推断出各种新的不同的观点。

八、属性列举法

属性列举法是由美国克劳福德教授于 1954 年提出的一种著名的创新思维策略。此法强调设计者在创意过程中,通过观察和分析事物或问题的特性或属性,然后针对每项特性提出创新的改良或构想。

九、希望点列举法

希望点列举法是指对某种实际上尚未存在的事物或产品,列出希望具有的功能,并通过功能的实现而获得发明成果的一种创新技法。此法通过不断提出"希望"以及"怎样才能更好"诸如此类的愿望,进而探求解决问题和改善对策的技法。

十、优点列举法

优点列举法是指通过设计人员逐一列举事物优点的方法,进而寻找出解决问题和改善对策的一种创新技法。此法要求根据罗列出的各项优点来进一步考虑如何让优点扩大,从而获取设计上实质性的提高。

十一、缺点列举法

缺点列举法是指不断地针对一项事物,检讨此事物的各项缺点及不足之处,并进而探求出解决问题和改善对策的一种创新技法。此法要求根据罗列出的各项缺点来进一步考虑如何使缺点消失,从而获取设计上实质性的提高。

十二、检核表法

检核表法是指在考虑某一个问题时先制作出一张一览表,对每项检核方向逐一进行检查,以避免过程上有所缺漏。此法可以用来加强设计人员思考程序上的周密性,并且有助于构想出新的创作意念。

十三、5W2H 检讨法

5W2H 检讨法是指提示设计人员从不同层面去思考和解决问题的一种创新技法。所谓5W,是指：为何(Why)、何事(What)、何人(Who)、何时(When)、何地(Where)；2H指：如何(How)、价格(How much)。

十四、目录法

目录法是指设计人员在考虑和解决某一个问题时,一边查阅相关资料性的目录,一边强迫性地把眼前出现的信息和正在思考的主题联系起来,从中得到创新构想的一种方法。

十五、创意解难法

创意解难法是由美国学者帕纳斯提出的一种创新教学模式,它源自奥斯朋所倡导的头脑风暴法及其他一些思考策略。此方法重点在于设计人员解决问题的过程中,采用有系统、有步骤的方法,查找出解决问题的症结和方案。

第三节 创意服装设计的创新设计方法

随着人们生活水平的不断提升,人们的价值与消费观念以及生活方式也都随之发生着日新月异的变化。求新、求异、唯美成为当今人们时尚的一种追求,因而有人预言21世纪将成为一个设计的世纪。西方哲学家认为创意是人类创造性认识活动中最奇妙、最有趣、最夸张的一种活动,同时也是科学家、艺术家所毕生追求的辉煌目标。服装创意主观上是设计师阐述个人思想,抒发个人情感与情趣的一种表现,客观上则是提高消费者审美意识,倡导时尚流行,使服装设计发展达到更高艺术境界的一种追求。服装创意是一个复杂的过程,是创意思维模式和创意手段选择的综合过程,是创意素材资料的搜集和创意表现手法运用的并举过程。总之,服装设计的水准唯有也只有通过创意来引领时代的潮流,获取社会及消费者的认可和接受。

一、仿生设计

在现代服装设计中,回归自然和生态的设计已成为当前国际上的一种最新设计思潮。采用仿生设计的服装作品,大多蕴涵着设计者的某种创作意念、理想和情趣。仿生设计是鉴于对生物系统进行研究的基础之上,借助一个具体的参照物,包括造型、色彩、图案、质感等因素,以准确、直观、真实的表现手段,创造性地模仿自然界生态表象的一种设计方法。自然界一切美好事物都是服装设计师借鉴和学习的对象,大自然给我们提供了取之不尽、用之不竭的创作素材。纵观历史的发展史,我们不难发现人类模仿生物进行服装构思由来已久,从西方18世纪的燕尾服到中国唐代舞女穿着的霓裳羽衣,无不记载着仿生设计在世界各地范围内的普遍运用。例如从服装的各款衣袖来看,近年来风行的蝙蝠袖,其袖窿与腰身相连,袖体肥大,袖口紧收,当伸展双臂时,衣服形似蝙蝠,异常潇洒和飘逸;而荷叶袖则来自对荷叶外形的模仿,层层叠叠,蜿蜒曲折,显露出无尽的温婉和柔美(图3-4);又如从服装的各款领型来看,无论是燕子领、丝瓜领,还是香蕉领、荷叶花边领等,均是通过设计师对生物与植物形态的模拟,进而发挥丰富的想象力而设计创作出来的。

荷叶袖的创意服装设计（金陵科技学院　曹薛蒙　王　峰）

灵感来源：
　本系列服装以《忆江南》为灵感，将这江南的微靓江水融进服装里。配色上便为晕联的"绿如蓝"，清新淡雅，最是江南色彩。面料上采用有光泽的刺绣绸缎和纱质面料，显示江南的细腻与柔情；细节上，荷叶纽扣，精致尔雅；实用性上，十一件单品可以随意组合搭配，效果俱佳。

设计说明：
　本系列服装以《忆江南》为灵感，将这江南的微靓江水融进服装里。配色上便为晕联的"绿如蓝"，清新淡雅，最是江南色彩。面料上采用有光泽的刺绣绸缎和纱质面料，显示江南的细腻与柔情；细节上，荷叶纽扣，精致尔雅；实用性上，十一件单品可以随意组合搭配，效果俱佳。

图 3-4　荷叶袖的创意服装设计（金陵科技学院　杨　佳）

二、移用设计

在艺术创作领域中，各种艺术均有其各自的特点，但同时，各种艺术又通过它们之间的共同点彼此相互联系和影响着。移用设计就是应用了正向与逆向、多向与侧向的思维形式，在模仿基础上建立起"移植"的一种设计方法。服装设计创作的灵感可以从东西方绘画、雕塑、建筑、文学、音乐等其他一切相关领域中寻找。把从其他艺术领域得到的设计灵感的诱发和启示进行移用，把姐妹艺术的某些因素进行转换，是许多服装设计大师驾轻就熟的创作表现。许多设计师热衷于将杰出的作品进行解构重组，将经典之处加以改进并予以重新诠释，这种手法在很大程度上也是借助了原作的力量。例如法国高级女装设计师伊夫·圣·洛朗设计的 20 世纪 70 年代风行的筒形套装，就是把荷兰画家蒙德里安的抽象绘画作品移用到了服装设计中（图 3-5）。这种采用服装独特的设计语言，把其他艺术形式进行品质转化的手法都是在借鉴与移用中产生的，是对民族习俗、国家文化、远古与现代、东方与西方及时尚与传统的移用与继承。

三、派生设计

派生设计是将点、线、面等造型因素进行繁殖衍生的一种构成方法，它充分应用了形象思维中的"分化法"原理。系列法的设计多采用派生手法，即以一件服装作为基本款型，运用同一设计要素或同一设计风格对服装的造型、色彩与面料进行综合重组，采用重复变化的手法派生出多组系列服装的设计。在设计系列服装时，一定要把握款式与风格上的统一协调、色彩与色调上的和谐呼应，还可利用多种装饰手法，使之与服饰配件进行统一整合，形成一个有机的整体，形成观赏者视觉与心理上的震撼力。如范思哲在 2019早秋系列设计作品中，集中使用一种独特的印花图案面料在本季继续回顾品牌档案馆，表达自己对已逝哥哥的致敬和对美国纽约这个城市的热爱（图 3-6）。国外设计大师也常

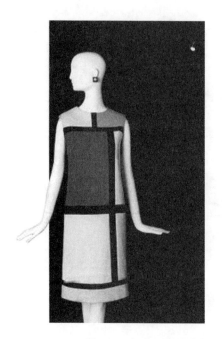

图 3-5 伊夫·圣·洛朗设计的蒙德里安筒形套装

采用此类设计手法,例如伊夫·圣·洛朗的中国文化系列服装设计,帕克·拉邦纳的"古城堡式"系列套装,以及范思哲的彩条系列设计等。系列服装均带有每位设计大师浓郁而独特的设计风格,通过多款延伸给观赏者带来无穷的艺术回味。

图 3-6 范思哲 2019 早秋系列作品

四、想象设计

服装的创意需要想象,没有想象就不会创造出丰富多彩的服装,也无法塑造出人们理想的着装形象。服装设计需要来自对自然界一切美好事物的想象,以此激发设计师的创作灵感。例如由火山喷发创作出了爆炸系列的流行色,由航天技术创作出了宇宙系列的太空服,这些都是受到了想象思维的影响。想象是一个不受时空限制、自由度极大、赋予激情与情感的思维方式,培养学生丰富的想象力与平时素材积累有着紧密的联系。法国服装大师伊夫·圣·洛朗曾说:"生活中处处都有美,关键在于是否能够发现美。"想象设计是一个想象的丰富性、主动性、生动性与独创性综合反映的过程,是设计师创造思维能力的主要表现。丰富的情感是想象的灵魂,无穷的激情是想象的生命,许多中外服装大师正是利用想象创作了无数服装经典作品。

五、异形同构设计

异形是指两个以上不同的造型形成相对立的因素,例如形状上有大小、长短、方圆等,状态上有曲直、凸凹、光糙等,色彩上有黑白、明暗、冷暖等。由于同种面料与风格常常给人带来视觉上的单一感,缺乏新意和个性,而利用异形同构设计则可以产生丰富变化的最佳效果,形成一种颠倒错位的对比变化,从而在视觉上形成明朗、强烈、清晰的影响力。例如运用不同的面料与肌理效果,将坚硬与柔软、粗糙与光滑这些对比因素进行任意搭配,尽管总体设计风格不变,但整体面貌却焕然一新。这种对比强烈的变化,可以克服人在视觉上的麻木、服装上的呆板,使服装具有强烈个性,取得意想不到的艺术效果。

六、主题构思设计

主题构思设计主要运用横向与纵向思维进行创作。主题是主题构思设计中的灵魂与核心。主题来自生活中一切美好的事物,是由具象与抽象素材构成的,通过服装中造型和色彩等具体要素特征再现的一种整体感觉。主题构思设计一般来自两种形式:一是意向型思维;二是偶发性思维。意向型思维是指有明确意图趋向的设计,例如人文艺术、民族文化、环境保护、自然风光等设计主题,根据主题的景观或事物的表象来构思服装的造型与色彩。近年来国内多项服装设计大赛就属于这种形式,参赛者根据主题的不同要求,从各个角度来诠释设计命题。而偶发性思维则是指受某一事物的启发,作品带有更多的偶发性色彩和更多的个体化设计倾向。例如享有"奇幻巫女"之称的安娜·苏就是一位擅长从各种艺术形态中寻求不同主题的设计师,从斯堪的纳维亚的装饰品,到高中预科生的校服,都成为她偶发性设计的素材,作品带有强烈而独特的迷幻效果(图 3-7)。

图 3-7　安娜·苏作品

第四节　创意服装设计的创新案例

　　创意服装的创新是服装设计的关键,而创意服装设计又受到人们传统观念与思维方式的制约。怎样在满足人体舒适性的前提下进行创意服装设计? 设计师创造性思维方法恰到好处地运用是造型设计的首要条件。灵感来自思维的活跃,需要思维来美化。思维是设计的灯塔、是设计的导航,也是设计的催化剂。因此各种创造性思维的合理运用,能对设计师在进行创意服装设计的过程中起到"柳暗花明又一村"的作用,也是一个服装设计师取得成功的关键所在。以下收集了一些大师的经典佳作,从造型创新的角度进行分析和学习。

一、整体案例分析

1. 三宅一生作品

造型特征：三宅一生(Issey Miyake)2016秋冬新款由千变万化的彩色线条图案组成，借由布料的褶皱表现出来，带来一场盛大的视觉盛宴。本季最大亮点就是衣服像万花筒般螺旋形或无规则开合，以海浪造型的拉伸为褶皱，表现得极具创造力和现代感，令人活力四射。(图3-8)

图 3-8　三宅一生作品

2. 川久保玲作品

　　时尚界对川久保玲（Rei Kawakubo）是无限推崇的，但同样也有很多人看不懂她，Comme des Garcons 2017 秋冬系列一个白色 S 形"蚕茧"开场，然后是灰黑卡其太空银和猩红。很难看到模特的手露出来，除小腿和脸，身躯几乎完全被覆盖，但每一个都不尽相同。这是因为在她看来"廓形"将成为未来沟通的主要形式，虽然还不能确定这种交流是通过身体轮廓还是通过改变廓形进行区分。未来人类的手、语言都退化乃至消失，使人细思极恐。这也许是川久保玲本季最想表达的内容了吧，当然，这也仅仅是猜测。（图 3-9）

图 3-9　川久保玲作品

3. 山本耀司作品

　　山本耀司(Yohji Yamamoto) 2017 秋冬系列像是一个复杂的梦,是建立在维多利亚风格的根源以及设计师独创性的想象力上而形成的。本季设计师一贯的主打色调全黑造型得以延续,这种暗黑色彩揭露了隐藏在服装下的人类的另一面情绪:阴郁,狂野,叛逆,最终一切都归于冷酷的寂静。山本耀司对于服装的解构化进行了大肆探索,具有辨识度的剪裁手法,利用抽绳打造而成的堆叠错乱的百褶,出其不意的切割和悬垂方式,都证实了他"艺术家"的称号并非浪得虚名。(图 3-10)

图 3-10　山本耀司作品

二、局部案例分析

1. 领部造型

这款出自 GUCCI 的礼服,带着强烈的文艺复兴气息扑面而来。设计师在整个衣身的处理上并没有太多的异常,但是形似领状结构的三个蝴蝶结却吸引了我们所有的视线。这三个大小一样的蝴蝶结呈垂直状夹放于模特的胸前,蝴蝶结元素不止一次出现在 GUCCI 的秀场,蝴蝶结头饰和领带不断变换,怪咖少女的复古情怀不断得以新的诠释。设计师将前领呈 U 形一直开到腰部,用蝴蝶结连接彼此,所以虽然看似露了很多,但在穿着上却不至于给人暴露的感觉。蝴蝶结选用优雅的深蓝色调,搭配全身神秘的黑色,更显示出作品的典雅和高贵。整个造型简洁却不失全新的细节,堪称2017 年的创新佳作。(图 3-11)

图 3-11　GUCCI 作品 1

2. 袖部造型

这款来自 GUCCI 的外套,有着非常典型的复古情怀。整个衣身上选用西瓜红色搭配墨绿色裤子,以及那典雅的黑色帽子,都将我们深深地带入了对上个世纪的回忆之中。作品的创新之处在于扇形袖廓形如绽放的花瓣,夸张而时髦。肩部饰以立体花卉,柔和了大扇形的硬朗,增添趣味性。袖身上的字母纹样呈扇形排列,递进的纹样效果在色彩上丰富了层次感,同时也加强了袖身向袖顶尖端的推进感。扇形袖与简洁的外套廓形形成了体量上的反差对比,非常吸引眼球。在本年度夸张袖型款广为流行之际,更是抢尽了风头。(图 3-12)

图 3-12　GUCCI 作品 2　　　　　　图 3-13　GUCCI 作品 3

3. 腰部造型

这款来自 GUCCI 的礼服作品,依然带着那股洋洋洒洒的不羁气息,高贵神秘,潇洒流畅。整个廓形上依旧沿用了礼服中最为经典的 X 款型,体现了女性的妩媚与妖娆。尤其精华在于设计师于腰腹部进行了面料的拼接处理,并选用了亮闪的面料,在整身黑色调之中熠熠发光,耀眼却不张扬。居中部位的放射形造型处理,打破了 X 款型女装避免在腰节处做层次设计的惯例,增加了分割线的同时又极显瘦,使腰部成为作品的精华与亮点。也许是设计师源于彩虹的启发,并且类似我们日常彩虹伞在腰腹处的状态,只是简单地移用但却成为作品最大的收获。(图 3-13)

本章小结 ➔

创意服装在服装设计实践活动中有着十分重要的地位,造型的新颖和别致在很大程度上决定了服装本身的流行时尚。由于人体的造型创作是相对有限的,这就决定了依附于它的创意服装在客观上不可能天马行空般地自由发挥。因此,如何对创意服装进一步开拓,一直都困扰着服装设计师,就这一问题,多年来许多设计师一直在不断努力进行尝试,也取得了一些成果,而这些成果的取得得益于服装设计师们创造性思维的发挥和应用。服装设计师进行创意服装设计的过程是运用形象思维和立体思维对服装整体造型进行全方位思考和酝酿的过程,也是设计师以自己的审美观和性情进行构思的过程;而思维方法的合理运用能在很大程度上帮助服装设计师打破原有的思维定式,开辟新的艺术境界,从而促使创意服装上的突破和成功。

【**思考与练习**】

    1. 举一个整体案例说明创新在创意服装设计中的应用。

    2. 从秉承传统文化角度看我国创意服装设计的发展方向。

    3. 如何理解音乐对于创意服装设计的影响。

    4. 运用创意服装设计创新表现中的仿生设计进行实践习作,设计 5～8 款具有创新意识的服装。

第四章

服装设计方法的实践

本章集中了近年来院校教学、学生参赛等服装创意设计的创作技巧，不仅从时装画创作表达的角度，更是结合了企业的运营设计流程，从款式、色彩、面料三要素，以及结构、装饰、工艺等其他方面，进行了全面的创作过程展示，方便同学们在课程和赛事等具体项目创作中，更快、更好、更全面地捕捉设计灵感，寻求最具个人风格的传达形式，完成作品的设计表现。

案 例 ⟶

    2013 年，第二届亚洲青年运动会在我国六朝古都南京隆重拉开帷幕。组委会广泛征集赛事运动装设计方案，笔者所在的金陵科技学院作为南京市地属高校，在学校各级领导的高度重视下和切切身到了活动参与中。服装系师生立足文化传承和科技创新两个基本点，将云锦面料和天然丝麻面料有机结合，款式上突出年轻、阳光、健康、时尚的亚青会宗旨，将来源于中华书法的七彩图案与现代设计相融合，辅以大胆跳跃的色彩碰撞，让南京宝贵的人类非物质文化遗产——传统云锦，通过亚青会平台向全世界展示其独特的艺术魅力。中国传统元素的运用，不仅使服装本身更具典雅的中国色彩，同时也是一种文化的交融与传递，中国服饰正是以这样一种深厚的底蕴和沉静的气质走向世界。习近平指出，中华优秀传统文化是中华民族的精神命脉，在新时代，我们更要传承和弘扬中华优秀传统文化，以此为根基，铸就新的辉煌。

第一节　服装造型的设计实践

服装造型是设计中最浓重的笔墨,对作品设计效果的最终呈现起着至关重要的制约作用。系列设计中,各种单品造型上下、内外的穿插搭配,都会呈现出迥异的视觉效果,丰富和活跃着整体设计环节。

一、服装廓形设计

服装廓形设计,是根据人们的审美理想,通过服装材料与人体的结合,以及一定的造型设计和工艺操作而形成的一种外轮廓体积状态。廓形是款式设计的基础,它进入人们视觉的强度和速度高于服装的内轮廓,最能体现流行及穿着者的个性、爱好、品位,是服装款式造型设计的根本,也最能反映服装的美感。(图 4-1)

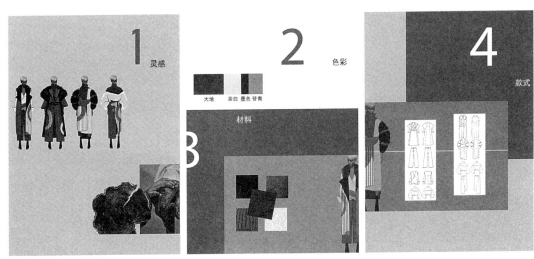

图 4-1　作品《年龄》(金陵科技学院　刘　蕴)

本系列作品是设计师对近年来时尚焦点 Over Size 的一个创作阐述。

通过个人对于廓形作品的理解,用简洁、经典的一些中性风基本款单品,搭配黑、白、土、蓝四种色彩,彰显服装风格上的随性和大气。

在延续成衣感的基础上,突出作品整体的欧美风范。

二、服装色彩设计

色彩是在服装中被强调的主要元素,色彩本身具有强烈的性格特征,不同的色彩及相互间的搭配能够使人产生不同的视觉和心理感受,从而引起不同的情绪和联想。色彩的美感与时代、社会、环境等因素有着密切的联系。服装中的色彩极少单独使用,大多以配色的形式出现,故而设计师对配色的方案显得极为关注。色彩与面料之间也存在着相互作用,不同的色彩要用不同的材质进行表现。(图4-2)

图4-2 作品《新航海记》(金陵科技学院 王慧敏)

本系列作品运用红、黄、蓝的高明度色彩,大开大合地表现出作品的欢快和童真。

造型上借鉴了藏族和僧侣服饰一些层叠披挂的细节,运用不对称的款式打破了一些基本款的陈式和刻板。

色彩和款式双重缔造了作品的层次感,使作品整体上更加张弛有度。

三、服装材质设计

材质是服饰美的物质外壳,材质通过对形体的支撑与表现,对服装整体形象的塑造带来很大的影响。在创作中,材质通常是设计师首先思考的审美元素,一件成功的设计往往都最大限度地充分发挥了材质的最佳性能。服装设计要取得良好的效果,必须充分发挥服装材质的性能和特色,使材质特点与服装造型及风格完美结合、相得益彰。(图4-3)

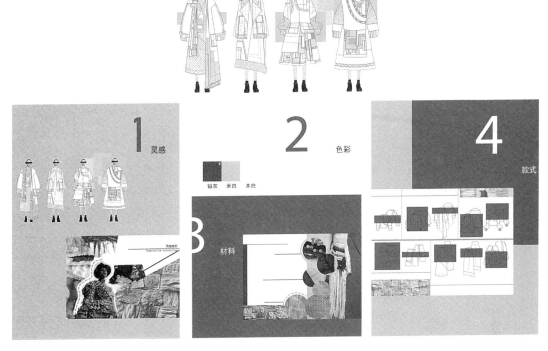

图 4-3　作品《野重塑》(金陵科技学院　司　佳)

本系列作品沿袭了当下最热门的廓形设计,在宽松直身的外轮廓内,充分运用面料的二次处理,进行点、线、面的形式美表现,成为点缀款式造型的精华。

色彩上保持纯白的色调,通过不同面料材质的肌理区分,追求细微丰富的差异美感。

第二节　服装细节的设计实践

服装内部的细节创意既是整件作品的画龙点睛,又是系列拓展的统一和延伸元素。创意中有了细节的表现,服装的功能与审美就能更趋向于完善,流行亦能寻找到一种最合适的表现载体。

一、服装部件设计

部件是相对于服装整体造型而言的局部形态,服装部件作为服装流行时尚的重要载体,常常成为视觉焦点为人们所注目。随着流行的变化,部件设计有时会被夸大到影响整体造型的程度,因此服装的部件是对服装造型的重要补充,部件结构不仅要有良好的功能性,还要与主体造型形成协调统一的视觉效果,两者之间存在着紧密的内在联系。(图 4-4)

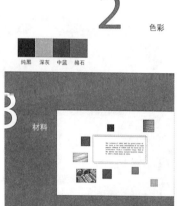

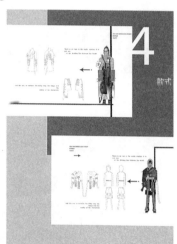

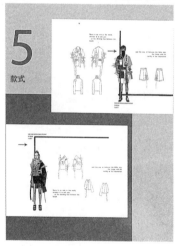

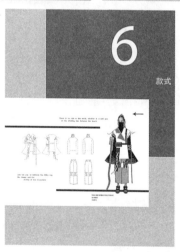

图 4-4　作品《无规则竹》(金陵科技学院　崔晨毓)

本系列作品通过红、黄、蓝、绿的对比色系,旗帜鲜明地阐释了对自由和任性的渴求。

款式上受远古竹简的启发,又穿插了许多大唐的服饰细节,加上 2017 年度最潮的织带运用,演绎传统与现代的完美融合。

不羁随性的造型,内外层叠的部件,寻求一种洋洋洒洒的创作感觉。

二、服装配饰设计

作为体现时代倾向的服装物件,配饰品对于着装来说是表现整体美的重要部分,配饰品除了本身具备的重要功能性以外,还应与服装的风格相协调,使饰物在配套中起到烘托、陪衬服装主体，并且起到画龙点睛的作用。配饰品有时还会成为设计的主要对象，一点强调足以使平淡无奇的服装顿生光彩，对腰带、围巾、项链等配饰品的巧妙运用，能够使着装者大大扩展服装穿着的场合。(图4-5)

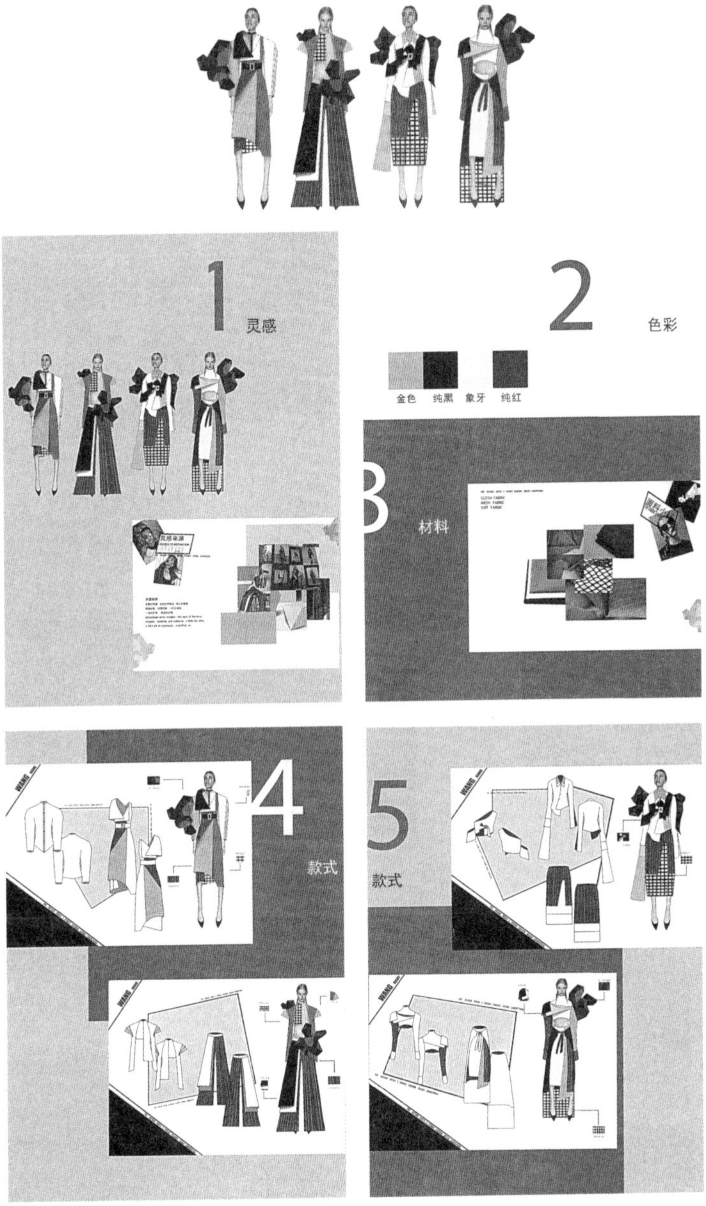

图4-5 作品《妄想》(金陵科技学院 谢 宁 王新宇)

本系列作品的创作启发来源于一些极简单品的混搭尝试，不同品类、质感融合在一个系列之中，塑造一个全新的设计风格。

款式上基本采用基础款，融入一些袈裟的披挂进行细节的点缀。为了展现更好的视觉效果，在肩、腰等部位附加了不规则的造型物，增加整体上的气势和设计感。

色彩上秉承欧美范经典的黑、白、灰基调，但点缀处使用了高饱和度的红、黄亮色，突出作品的时尚感。

三、服装图案设计

　　服饰图案设计时为了体现并增强服装的艺术审美性,图案的存在既可以丰富服装的装饰性,还可以有效淡化款式、色彩设计上的不足。服饰图案的设计最终要以产品的形式进行表现,图案设计的纹样造型、色彩搭配、工艺手法、应用位置能成为整套服装的视觉焦点,有着突显设计主题、改观效果、弥补不足等重要意义。(图4-6)

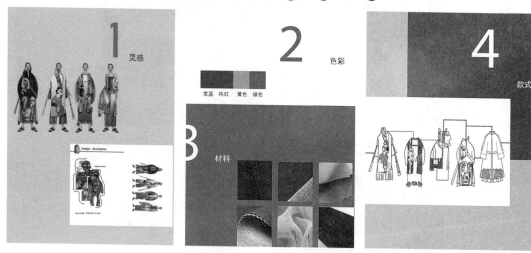

图4-6　作品《啦啦啦》(金陵科技学院　张　越　王慧敏)

　　本系列作品灵感来源于西方现代艺术鼻祖——毕加索大师的作品。

　　抽象画般的彩色卡通印花充满了无尚的童趣,大面积的赤橙黄绿青蓝紫,如同调色板一样绽放起来,洋溢出浓郁的波普气息。

　　简约的大廓形款式使整体风格更加富有现代感,看似随意却又点缀着视觉的亮点。

第三节　服装风格的设计实践

　　风格创意是设计师通过作品型、色、质的组合而表现出的一种特有的艺术韵味。设计师对时尚审美的独特见解,和与之相适应的独特手法所表现出的作品面貌,构成了服装的风格创意。

一、波普服装设计

波普服装设计主要通过服装造型的变化,形成对比强烈的视觉冲击力,产生夸张、奇特的表现效果,以及一定程度上的轻松幽默感。波普风格削弱服装廓形的表现,不强调腰身结构和曲线线条,轮廓简单明了。强调色彩之间搭配所带来的视觉冲击,注重面料的多样性组合,使服装的变化更加具有灵动性。(图 4-7)

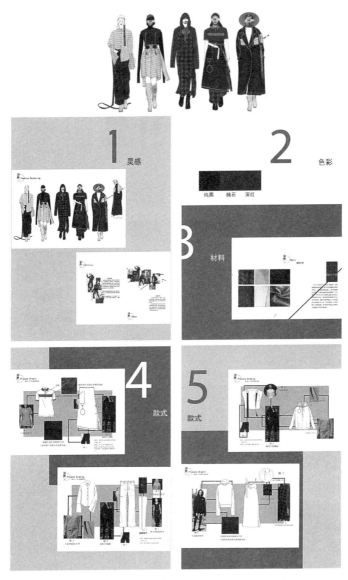

图 4-7 作品《消费》(金陵科技学院 何阳光 严 然)

21 世纪是网络的时代,我们无时无刻不在消费着网络带来的讯息。本系列作品的创作灵感,正是来源于当今充斥我们生活各个角落的网络文化。

作品力求描述网络文化所特有的前卫、开放和多元化,款式上定位成性别模糊的中性风单品,结合年度潮款中条纹、扣环、织带等元素,打造出具有中国时代特色的新朋克风范。

宽松随性的造型,简约明朗的色彩,软硬结合的面料。

二、休闲服装设计

休闲服装设计以舒适为基础,注重简约、自由的感觉,蕴含休闲与时尚、自然与健康的生活理念,满足实用主义与时尚生活的双重需要。休闲服装设计不仅在款式造型上强调与潮流元素的结合,把独具特色的个性化作为创作的重点,还需讲究服装运动的舒适性、板型结构的合理性,在面料的选择上也注重不断地推陈出新,追求新颖别致的设计表现。(图4-8)

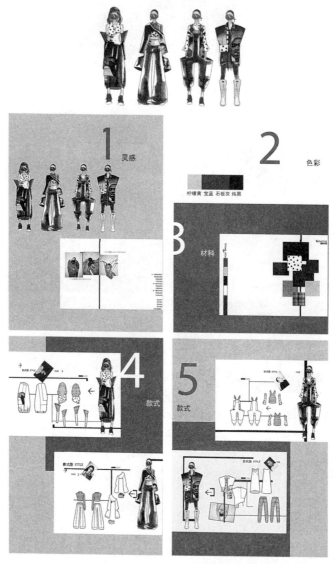

图4-8　作品《矩阵》(金陵科技学院　池静雅　魏　峰)

2017年,新锐设计师任航的突然辞世,让喜欢他的人们感到意外和震惊。生命的脆弱,人生的意义,思索的同时萌生了强烈的创作冲动,于是通过此系列作品的完成致敬任航,表达对他的哀思。

款式造型上借鉴了很多日系服饰的设计感觉,一些单品细节上的错位,面料质感上的搭配冲突,都是为了表达一种任航作品中那种反叛不羁、向往一份无束的艺术追求。

依旧是校园风,摒弃华丽的元素,但张扬的是大面积醒目的任航作品的写真印花,以此作为整套作品的创作亮点。

三、科技服装设计

科技风服装在设计上必然具有前卫性,科技服装设计灵感来源于星球太空,与常规设计构思不同,无论在造型、款式、色彩、材质还是配件等方面,都表现出与传统设计思维的大相径庭。在款式和细节处理上,科技服装设计带有中性倾向,这种中性感超越了性别范畴,成为外化的性别,给人以想象的空间。(图 4-9)

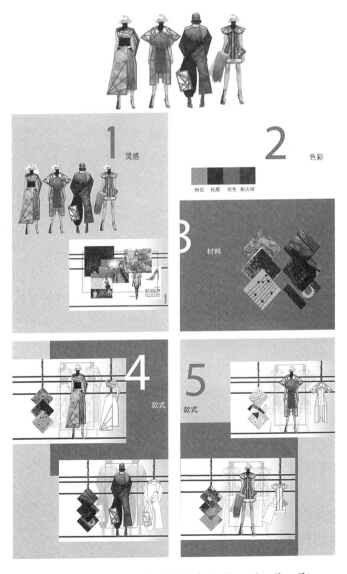

图 4-9 作品《星陨》(金陵科技学院 杨 薇 戴 晨)

本系列作品的创作灵感来源于浩瀚的星际世界,和对未来强烈的探究渴望。

款式上采用了多种大小不一的菱形几何体组合,色彩上也大面积使用了宇航风的银白色系。同时,为了避免造型色彩带来的单一和冷漠,又于其中穿插了一些跳跃的霓虹色。

俊朗,酷帅,以及当下时尚圈风靡的性冷淡的创作风格。

本章小结 ➔

从课堂教学、参赛指导、科研项目中,精选了9个作品系列,通过效果图—灵感来源—色彩—面料—平面结构图五个板块,详细记录了服装设计创意的整个过程,并从创作的角度点评了设计作品的创意切入点、创意手法以及创新所在,提供同学们对怎样进行创意类服装设计,以更直观、更通俗的教学展示。

【思考与练习】

1. 从服装造型的角度出发完成一组设计方案,要求提交效果图—灵感来源—色彩—面料—平面结构图五个板块。

2. 从服装细节的角度出发完成一组设计方案,要求提交效果图—灵感来源—色彩—面料—平面结构图五个板块。

3. 从服装风格的角度出发完成一组设计方案,要求提交效果图—灵感来源—色彩—面料—平面结构图五个板块。

第五章

服装设计方法的赏析

纵观近些年中西方服饰设计作品,不难发现中国服饰现如今在世界装苑上大放异彩。中国服饰的崛起不是偶然的,它有着五千年的文化底蕴为背景,以其优雅、舒适、美观而被世人所青睐。其以中国元素为表现形式,建立在中国文化和东方文化的基础上,保持鲜明的民族个性和独特民族风格的同时,将时尚与中国元素相结合,自身有着独特文化魅力和个性特征。其中诸多具有悠久历史的优秀传统工艺,如织、绣、盘、滚、镶、嵌、染、绘等均是中国服装上常用的技艺,色彩斑斓,精美绝伦,而立领、连袖、对襟、扣袢等更是传统的中国服装款式的精华。诸多中国先锋设计师通过将中国服饰传统与现代时尚的结合,把中国服饰打造为适应全球经济发展趋势的民族时尚服饰,体现出气度不凡的儒雅风姿与深厚底蕴。

案 例 ➡️

2014 年,青年奥林匹克运动会在南京隆重开幕。2013 年 12 月,作为南京市地属高校,笔者就职的金陵科技学院接到青奥会组委会通知,对颁奖托盘手和升旗手服装进行深化设计。艺术学院服装系师生团队紧紧围绕南京朝霞、秦淮河、梅花、云锦和雨花石五大元素组成的核心图案,款式上采用了旗袍和立领两个最具中国传统服装特色的设计细节,加之取材青花瓷的蓝白相间配色,柔和淡雅又不失高贵华丽,既体现了南京深厚的历史文化底蕴,又寓意了青年一代勇于突破创新的奥林匹克精神。中国服饰文化博大精深,与五千年历史文化一脉相承,南京作为六朝古都,文化底蕴深厚,我校师生汲取文化养分,设计出了中国传统文化元素与现代服饰创意元素相辅相成的作品,积极响应我党关于中国优秀传统文化创造性转化与创新性发展的文化政策。

一、国内优秀设计师作品

1. 郭培(Pei Guo)(图 5-1)

郭培,中国高级时装定制第一人,是中国第一个且唯一被世界认可的高级定制设计师。秉承着对传统中华文化的热爱,郭培致力于对传统服饰工艺的研究与创新,不断地推陈出新,赋予中式礼服新的生命,让中国服饰从高级定制中获得全新的表现力。罗马的、哥特的、新古典主义的 Guo Pei 最新系列延续了 2018 春夏高定的立体裙撑并且将金色涂黑,削弱强烈的奢华感,强调解构的铸造,因为本季作为郭培思考"人体与空间纬度"之间关系的系列,所有细节都应该为整个主题服务,不论是刺绣印花还是 3D 打印的结构,又或者是配饰的款式形状,并且在此基础下,这位中国"高定第一人"延续了自己在今年 Met Gala 的出色表现,将目光投向了巴黎哥特式教堂,给世界观众带去了属于"哥特女孩的哥特式雄伟",当然,包含了宗教意义。

图 5-1　郭培作品

2. 吴季刚(Jason Wu)(图 5-2)

吴季刚,著名纽约华裔设计师。2009 年 1 月 20 日,美国第一夫人米歇尔·奥巴马
(Michelle Obama)穿着吴季刚设计的单肩白色礼服裙在奥巴马总统就职仪式上跳舞,成为
全球最轰动的时尚事件。吴季刚从经典的 Richard Avedon 摄影作品及 Charles James 和
Jacques Fath 系列作品中汲取了大量灵感,采用沙漏状轮廓和极度奢华的面料外加精美的
细节来强调女性身体线条。他秉承"自信与快乐,时尚与浪漫"的设计理念,开创性地将日
韩潮流元素和唯美主义相结合,设计出更多元丰富的时尚款式。在服饰的设计开发上,倡
导服装搭配的实用、美观以及乐趣、创意,强调在自然中突现自我时尚与个性的和谐,致力
于重现服饰艺术和完美的同时保持年轻自在的内在精神。

图 5-2　吴季刚作品

3. 张卉山(Huishan Zhang)(图 5-3)

　　来自中国青岛的张卉山在中央圣马丁艺术学院 2010 年的毕业系列,衣服如诗如画很有中国江南的韵味,将传统的东方元素与现代时装完美结合。在他的设计系列中可以清楚地看到他的思想信念。张卉山迷恋传统的定制工艺,擅长将中国元素与西方高级时装剪裁相融合,在面料或是细节中展现东方的典雅,形成他那极具东方韵味的高定时装。传统的中式旗袍被制成丝质硬纱的半透明裙子,平添一份浪漫优雅的情怀。剪裁简洁整齐,造型清新及充满时尚都市的感觉。他亦采用精致的蕾丝和刺绣作为装饰。张卉山显然是重新定义中西合璧的服饰,为服装带来全新的境界及更深层次的意义。

图 5-3　张卉山作品

4. 谭燕玉（Vivienne Tam）（图 5-4）

谭燕玉，国际著名的女性时装设计师，旗下品牌亦以其英文名字命名。她所设计的服装含有大量东方和现代糅合的色彩，擅长以中国元素融入时装设计中而闻名，不管是于纽约大都会博物馆《中国：镜花水月》（China：Through The Looking Glass）展览上展出并永久收藏的"观音"等经典作品；还是将东方古籍《山海经》作为正式登陆中国大陆地区的首个系列主题，中国元素始终贯穿在其作品中。独特的设计风格为谭燕玉赢得了享誉全球的国际盛名与全球明星名媛的追捧，其倡导 East-meets-West（融合东西）的设计理念受到国际时装界推崇，多项跨界合作更被誉为创新科技与时尚完美结合的先驱。

图 5-4 谭燕玉作品

5. 夏姿·陈（Shiatzy Chen）（图 5-5）

设计总监王陈彩霞用"华夏新姿"四个字来形容夏姿·陈的风格，这也是品牌创建之初坚持的原则。在 30 多年的发展过程中，夏姿·陈一直坚持在每一季产品中融入中国文化的意念与元素，并将之作为品牌永恒不变的经典。在她的设计中，我们可以找到灵感源自盛唐文化的面料及纹样，取材于唐朝服饰的高腰筒形线条、配以大团云海积花等刺绣图纹，每一个设计细节都让作品散发着浓浓的中国味道，丝绸材质更是频繁运用在设计中，搭配精美的刺绣，华美而高贵。

夏姿·陈 2019 秋冬系列秀场以巨型太阳为背景，周围包裹层叠的黑帘，看起来朦胧又带有一丝神秘色彩。本季灵感来源于苗族传统元素，并将现代服装廓形设计理念融入其中——白色纱织连衣裙搭配蝴蝶元素雕花腰封，传统绣花的皮质半裙搭配过膝靴，对襟立领外套搭配九分西裤等，夏姿·陈意在将古老的东方元素注入新鲜前卫的血液。

图 5-5 夏姿·陈作品

二、国外优秀设计师作品

1. 亚历山大·麦昆(Alexander McQueen)(图 5-6,图 5-7)

亚历山大·麦昆也许是最后一个敢于坚持将强硬而卓越的技法运用在服装上的设计师,后来爆发的热烈争论也正好证明了这一点,那些争论一直围绕在模特们犹如性感玩偶般的嘴唇,以及有些看起来在痛苦炫耀的丑陋且对女性不敬的服装式样上,另外一些人则被壮观十足的场面震撼,这一季的作品显然能与高级定制媲美。这无疑意味着亚历山大·麦昆是奋力对抗当下时尚界所面对窘境的设计师中幸存的颓废派,舞台堆满了其以往走秀残留下来的废品,T 台上铺着布满裂纹的破碎玻璃。就绝大部分服装而言,它们带着 20 世纪里程碑式的戏剧讽刺效果:滑稽地模仿 Christian Dior 的犬牙格花纹新面孔和 Chanel 斜纹软呢套装,用刺眼的橘黄色和黑色滑稽表演穿插其中,带领观众去重温亚历山大·麦昆自己的精彩过往。

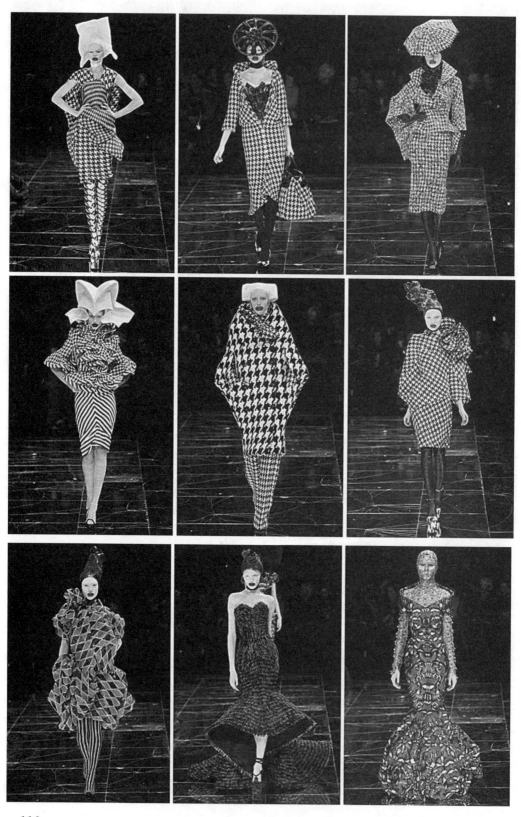

图 5-6　亚历山大·麦昆作品 1

　　亚历山大·麦昆特质中浪漫的一面并没有表现出来,这个设计师曾经给我们描画了那么多诗一般美好的景象,然而此刻那些类似愤怒、蔑视或者是充满怨恨的幽默情绪之中似乎能窥见他的退化。一些单品看起来像用塑料垃圾袋制作的,比如那两件悬垂的双面材质黑外套,还有用塑料包裹的铝罐作为头饰。

　　尽管如此,无论什么正在烦扰着他,他也绝对不会在服装的设计结构和剪裁技法上妥协。这一季他显然放弃了典型的夹克紧身衣,采用了纤细苗条的剪裁,像箱型夹克、透气的闪片薄丝织物裙装,还有流苏的犬牙格纹紧身衣。黑色亮片材质的纤细裙装是向 YSL 致敬的设计,围裹着红色衬里的兜帽头巾,优雅得适合任何场合。

　　最后出现的羽毛和浮雕效果的服装肯定花费了成百上千个女裁缝的时间去打造,这是一个没有推动时尚界有任何创新的 McQueen 系列,不过他似乎暗示了一件事:倒塌的经济状况下,国家并不知道该何去何从。

　　亚历山大·麦昆这一季从神秘海洋获取灵感,将缤纷的色彩惊艳地展现在我们面前,模特们加入编织的力挺发髻让人很直接地联想到海底生物,为衣服的展示起到了上佳的陪衬效果。出类拔萃的剪裁手法修饰出肩部变化和圆滑的臀部轮廓,如同工艺品般的建筑感设计"恨天高",塑造出前卫女孩新形象。珊瑚色的衣服之外,几身皮衣带着强势的未来感,也和末尾出现的荧光闪亮套装形成呼应。

图 5-7 亚历山大·麦昆作品 2

2. 约翰·加利亚诺(John Calliano)(图 5-8,图 5-9)

虽隔了些时间,但约翰·加利亚诺仍旧延续了自己在上个高定系列中对"镜头内外"的思考,在最新马丁·马吉拉(Maison Margiela) 2018 秋冬高级定制中以跳脱糖果色中和大地色,减轻切割分离和解构给集合带去的不安定感,并且将复古的维多利亚胸衣和未来科技感强烈的色彩护目镜搭配在一起,随后更是以俄罗斯套娃式的外套层叠加强本季戏剧性效果。

图 5-8 约翰·加利亚诺作品 1

真实生活和虚构的 Instagram 生活之间的对立已经成为话题一段时间了,Maison Margiela 2018 春夏高级定制,约翰·加利亚诺开始以聚亚安酯和 PVC 透明软塑料进行说明,然后在此基础上从维多利亚时期的束胸衣中寻找灵感,使用大量内衣外穿细节设计,并且以此突出内外差异,呼应主题——虚拟与现实的双重感官,然后搭配着夸张的运动鞋将"时代叛逆"具现化展现在观众面前。

图 5-9 约翰·加利亚诺作品 2

3. 渡边淳弥(Junya Watanabe)(图 5-10)

渡边淳弥简直是设计界的"数学狂人",精确的切割,几何以及立体三维形式的运用,似乎是在单调的算式中加入了变量,使得整个集合充满不确定和改变性。渡边淳弥还加入从中国远渡过去的传统剪纸艺术,使用四方连续和卷曲、折叠的方式展现日本历史和民俗习惯,而夸张的戏剧性的头饰则给人"外星生物"的错觉,像是《星球大战》里安纳金·天行者,黑暗、强大而矛盾,造成视觉冲击,给予观众科技带来进步的深思。

图 5-10　渡边淳弥作品

4. 维克托·霍斯廷和罗尔夫·斯诺伦(Viktor Horsting & Rolf Snoeren)(图 5-11)

　　维克托·霍斯廷和罗尔夫·斯诺伦作为一对设计鬼才,其作品总能表现出极具创意的设计思维,效果令人惊叹。在 2015 秋冬高级定制周中,这对荷兰设计师组合在发布会现场演绎了一场类似行为艺术的"穿脱表演"。他们将套在模特身上、由画框和"画布"组成的服装取下,悬置于身后的白墙上。整个过程意在对"时装是否是艺术"这个永恒的议题做出新的诠释。受到阿姆斯特丹国立博物馆里诸多大师作品的启发,维克托·霍斯廷和罗尔夫·斯诺伦将这个系列命名为"可穿戴的艺术"。

图 5-11 维克托·霍斯廷和罗尔夫·斯诺伦作品

5. 艾里斯·范·荷本(Iris Van Herpen)(图 5-12)

　　一向以动感线条和高科技艺术感浓郁的三维打印技术为傲的艾里斯·范·荷本受到仿生学的影响,在最新 2018 秋冬高级定制系列中探讨有机与无机以及合成生物学之间的关系,甚至为其创造出一个新术语"Syntopia",并熟练运用维多利亚时代的计时摄影(Chronophotography)技术,将"变化"定格,又赋予"定格"与"动感",最后第三套中模特的头饰最具代表性,而反光的面料材质和褶裥的疏密更是生动描绘出水流的动感。

图 5-12　艾里斯·范·荷本作品

本章小结

　　一个好的设计可以给服装增加魅力,使服装和设计师获得消费者认可。服装设计方法,正是服装设计不断发展的灵魂所在,需要服装设计师经过长期探索、刻苦钻研之后才能取得。

　　对于初学者来说,不能寄希望于自己的一蹴而就,应该勤恳踏实地从分析、模仿他人的设计方法开始,这就如同学习书法需要临摹一样,都要把模仿作为学习的入门起点。应尽快找到自己钦佩和喜欢的设计师,开始有意识地模仿他的设计技巧和风格,以此来有意识地培养设计方法和技巧。在这个学习阶段,需要提醒的是,任何一种好的学习模式都需要有正确的方法,如果你对别人作品的模仿是一成不变的,那不是真正意义的学习,学会举一反三,才是模仿学习的意义所在。需要不断地"喜新厌旧",不断尝试接受新鲜事物,最终你会发现自己的长处,并且逐步形成自己所特有的设计风格。

【思考与练习】

1. 通过市场调研,确立自己在本阶段所关注的服装品牌与服装设计师。

2. 使用专业绘图软件,每个星期绘制 1 款自己所关注品牌的服装款式图。

3. 结合所学知识,谈谈中西方消费者对于服装审美的认识,比较两个群体之间的审美异同。

4. 通过市场调研,分析研究当今时代在世界范围内所流行的中国元素,并尝试使用该元素进行服装设计创作。

参考文献

［1］王小萌,张婕,李正.创意服装设计系列——服装设计基础与创意［M］.北京:化学工业出版社,2019.

［2］陈彬,彭颢善.服装设计:提高篇［M］.上海:东华大学出版社,2012.

［3］林燕宁,邓玉萍.服装造型设计教程［M］.南宁:广西美术出版社,2009.

［4］王晓威.服装设计风格鉴赏［M］.上海:东华大学出版社,2008.

［5］柒丽蓉.服装设计造型［M］.南宁:广西美术出版社,2007.

［6］王晓威.服装风格鉴赏［M］.上海:东华大学出版社,2008.

［7］李波,张嘉铭.形态创意［M］.沈阳:辽宁美术出版社,2008.

［8］马蓉.服装创意与构造方法［M］.重庆:重庆大学出版社,2007.

［9］吴翔.设计形态学［M］.重庆:重庆大学出版社,2008.

［10］陈彬.服装设计基础［M］.上海:东华大学出版社,2008.

［11］崔荣荣.服饰仿生设计艺术［M］.上海:东华大学出版社,2005.

［12］刘晓刚,王俊,顾雯.流程·决策·应变:服装设计方法论［M］.北京:中国纺织出版社,2009.

［13］袁仄.服装设计学［M］.上海:中国纺织出版社,1993.

［14］卞向阳.服装艺术判断［M］.上海:东华大学出版社,2006.

［15］达里尔·J.摩尔.设计创意流程:用MBA式思维成就设计的高效能［M］.上海:上海人民美术出版社,2009.

［16］伍斌.设计思维与创意［M］.北京:北京大学出版社,2007.

［17］赵世勇.创意思维［M］.天津:天津大学出版社,2008.

参考网站

http://www.vogue.com.cn/

http://www.pop-fashion.com/